StudyHelp

StudyHelp

Stochastik 1 für Lehramt
inkl. Lernvideos von Daniel Jung, Aufgaben und Lösungen

StudyHelp GmbH, Paderborn
WWW.STUDYHELP.DE

1. Auflage

Autor: Dr. Andreas Stahl
Konzept & Lernvideos: Daniel Jung

Redaktion & Satz: Carlo Oberkönig
Kontakt: verlag@studyhelp.de
Umschlaggestaltung, Illustration: StudyHelp GmbH
Druck: mediaprint solutions GmbH

ISBN 978-3-98755-**027**-0

Inhalt

Vorwort

Dieses 136 Seiten starke Lernheft führt dich durch die relevanten Inhalte der Veranstaltung *Stochastik 1* für Lehramt. Dabei steht primär die Vermittlung der Inhalte im Vordergrund und nicht die 100%ige mathematische Korrektheit in all ihren Facetten. Gerade diese ausführlichen, mathematischen, in manchen Augen nahezu kryptischen Notationen – wie sie standardmäßig in allen Universitäts-Skripten und Büchern zu finden sind – sind sehr vielen Studierenden beim Begreifen der Inhalte ein Dorn im Auge. Keineswegs wollen wir die Wichtigkeit solcher Notationen herunterspielen. Im Gegenteil! Die Mathematik als solches lebt von dieser Präzision in ihren Definitionen, Sätzen und Beweisen. Für Neulinge in der Welt der „Universitäts-Mathematik“ kann jedoch genau das dazu führen, Mathematik schnell als Qual abzustempeln, anstatt sie mit Faszination zu entdecken. Wenngleich das folgende Zitat des berühmten Mathematikers GEORG CANTOR in vielerlei Hinsicht Interpretationsspielraum bietet, nutzen wir es für hier:

Das Wesen der Mathematik liegt in ihrer Freiheit!

Dieses Lernheft stellt somit eher einen alternativen Zugang zu den Themen dar. Wir sind der Meinung, dass auf dem Verständnis der grundsätzlichen, inhaltlichen Zusammenhänge der Themengebiete aufgebaut werden kann, um den Sinn hinter allen mathematischen Notationen zu begreifen. In Vorlesungen wird üblicherweise der genau gegenteilige Weg eingeschlagen. Man könnte sagen, wir stellen die berühmte *andere Seite der Medaille* dar.

Zusätzlich zu den abgedruckten Erläuterungen und Beispielen findest du an den Seitenrändern insgesamt 105 QR-Codes zu Daniel Jungs Mathe Erklärvideos; direkt auf die jeweiligen Themen abgestimmt. Damit erhältst du zusätzliche Erklärungen, die du in deinem eigenen Tempo so oft ansehen kannst, wie du willst.

Am Ende jedes Kapitels sind Übungsaufgaben zu finden (insgesamt 86 Aufgaben), mit denen du die erlernten Inhalte festigen kannst. Dabei sind folgende Schwierigkeitsstufen zu finden:

Level: Absolute Basisübungen mit (sehr) niedrigem Schwierigkeitslevel. Die Aufgaben sind als Einstieg in das jeweilige Thema gedacht. Du solltest keine Probleme haben, diese Einsteigeraufgaben zu lösen. **Insgesamt 21 Aufgaben.**

Level: Übungen, welche mit Hilfe der jeweiligen Standardtechniken zu den Themen gelöst werden können. Die Aufgaben auf diesem Level solltest du ohne große Probleme lösen können, bevor du dich einer Prüfung stellst. **Insgesamt 54 Aufgaben.**

Level: Übungen, die zur Lösung themenübergreifendes Wissen verlangen, wie das Anwenden von allgemeinen Formeln oder (abstrakten) Zusammenhängen. Wenn du hier alle Aufgaben lösen kannst, bist du gut gewappnet für die Prüfung. **Insgesamt 11 Aufgaben.**

Diese Einteilung der Schwierigkeiten ist natürlich rein subjektiv und kann sich in jeder Bildungseinrichtung unterscheiden. Sie dient lediglich einer groben Einschätzung. Die ausführlichen Lösungen zu den Aufgaben findest du auf unserer Webseite, die über den jeweils angegebenen QR-Code zu erreichen ist.

Sollten sich doch mal Fehler eingeschlichen haben, würden wir von dir sehr gerne darauf hingewiesen werden, falls du in diesem Heft welche entdeckst. Ebenso freuen wir uns natürlich über allgemeines Feedback, Lob und Kritik an dem Lernheft. In diesem Sinne wünschen wir dir viel Erfolg im (weiteren) Studienverlauf und ganz besonders eine Top-Abschlussnote in der *Stochastik 1* Veranstaltung.

Feedback

— Dr. Andreas Stahl

1 Basics

1.1 Mengen

1.1.1 Wiederholung: Definition und elementare Eigenschaften von Mengen

In diesem Abschnitt gehen wir kurz auf das mathematische Objekt „Menge“ ein und beschreiben die wichtigsten Mengenoperationen. Nach der Definition von *Georg Cantor* ist eine Menge eine Zusammenfassung von wohlunterscheidbaren Elementen zu einem Ganzen. Das bedeutet, dass wir jegliche Objekte in einer Menge zusammenfassen können und so auch eine Menge erhalten, wenn wir die einzelnen Objekte unterscheiden können. Diese beschreiben wir konventionsgemäß mit geschweiften Klammern. Beispielsweise sind

Definition

Schreibweisen

- $A = \{$rot, blau, grün, gelb$\}$
- $B = \{$groß, klein, stark, schwach$\}$
- $C = \{1, 2, 3, 4\}$
- $D = \{$grün, 2, π, $\sqcap$, qprt$\}$
- $E = \{x \in \mathbb{R} : x^2 > 1\}$

jeweils Mengen. Dabei ist es unerheblich, ob sich in dieser Menge Farben, Zahlen oder auch auf den ersten Blick unlogische Zeichen oder Textfolgen befinden. Hingegen sind

- $G = \{0, 1, 2, 3, 4, 5, 0\}$
- $H = \{$groß, klein, sehr klein, winzig, riesig, groß, gigantisch$\}$

keine Mengen, da sie jeweils zwei ununterscheidbare Elemente beinhalten. In der Menge *G* ist zweimal das Element „0“ zu finden und in der Menge *H* tritt das Element „groß“ häufiger auf. Für solche Objekte gibt es verschiedene Rechenoperationen, welche wir in folgender Tabelle beschreiben:

Regeln (1)

Regeln (2)

Regeln (3)

Mengen-operation	Bedeutung
$\emptyset$	Beschreibt die leere Menge, die keine Elemente enthält.
$x \in M$	Beschreibt, dass ein Element *x* in einer Menge *M* enthalten ist.
$x \notin M$	Beschreibt, dass ein Element *x* nicht in einer Menge *M* enthalten ist.
$M \subset N$	Beschreibt die Teilmengeneigenschaft. *M* ist also eine Teilmenge der Menge *N* und somit sind alle Mengen von *M* auch in *N* enthalten.

Mengen-operation	Bedeutung
$M \cup N$	Beschreibt die Vereinigung von zwei Mengen, das heißt, dass in der Vereinigung von M und N jedes Element von M und N liegt.
$M \cap N$	Beschreibt den Schnitt von zwei Mengen, das heißt, dass im Schnitt von zwei Mengen M und N nur die Elemente enthalten sind, welche sowohl in M als auch in N enthalten sind.
$M \backslash N$	Beschreibt die Differenzbildung der Mengen M und N. Wir sprechen von „M ohne N". Also sind in M ohne N gerade die Elemente enthalten, welche in M aber nicht in N liegen.

Teilmengen

Venn-Diagramm

Komplemente

Diese Operationen untermauern wir nun noch visuell:

Vereinigung von *A* und *B*: $A \cup B$

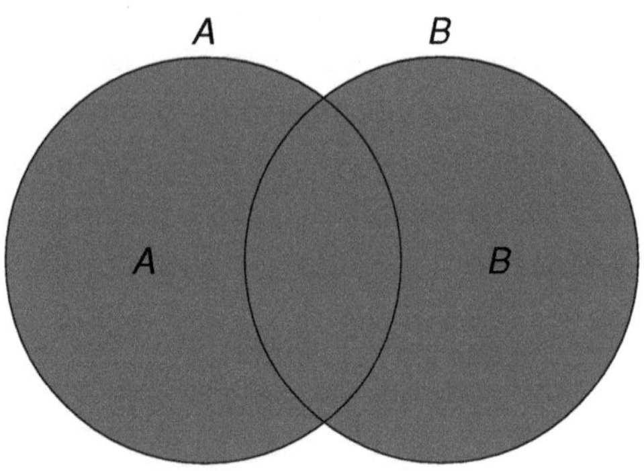

***A* ohne *B*:** $A \backslash B$

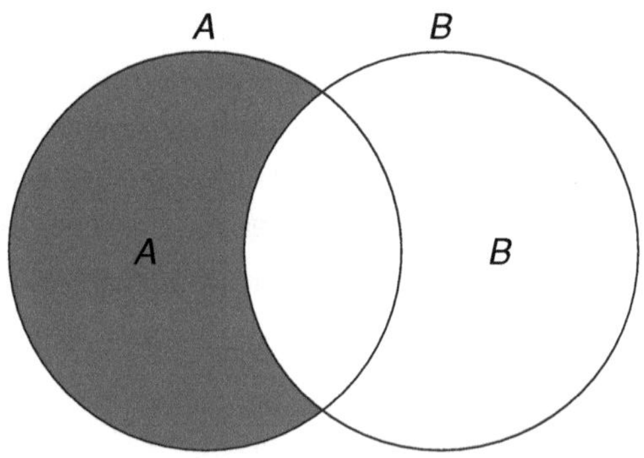

Schnitt von *A* und *B*: $A \cap B$

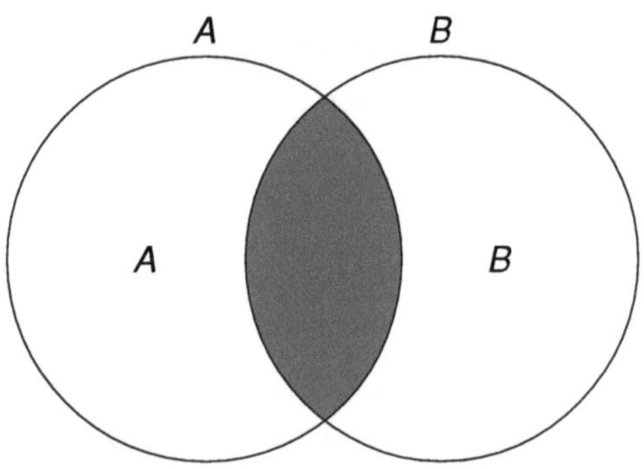

***B* ohne *A*:** $B \backslash A$

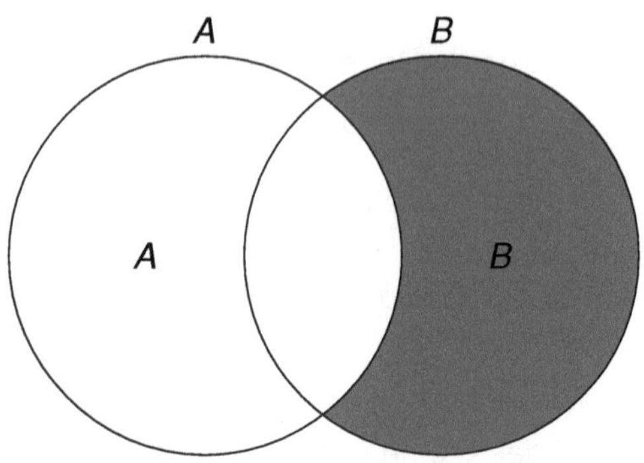

Diese Operationen betrachten wir nun an folgenden Beispielen. Seien dazu die Mengen A, B, C und D wie oben beschrieben, dann gilt:

1. $A \neq \emptyset$
2. $\{1,2\} = \{2,1\}$
3. groß $\in B$
4. groß $\notin C$
5. $\{1,2\} \subset B$
6. $A \cup B = \{$rot, blau, grün, gelb, groß, klein, stark, schwach$\}$
7. $C \cup D = \{1, 2, 3, 4, \text{grün}, \pi, \sqcap, \text{qprt}\}$
8. $A \cap C = \emptyset$
9. $C \cap D = \{2\}$
10. $C \backslash D = \{1,3,4\}$

1.1.2 Zahlenmengen und Mächtigkeit

In diesem Abschnitt befassen wir uns mit den verschiedenen gängigen Zahlenmengen und untersuchen diese auf ihre sogenannte Mächtigkeit. Wir halten konventionsgemäß fest, dass

Zahlenbereiche

$$\mathbb{N} = \{1, 2, 3, ...,\}$$
$$\mathbb{Z} = \{..., -2, -1, 0, 1, 2, ...\}$$
$$\mathbb{Q} = \left\{\frac{a}{b} \;:\; a \in \mathbb{Z},\, b \in \mathbb{N}\right\}$$

und zuletzt die reellen Zahlen $\mathbb{R}$, welche sich mathematisch als Grenzwerte von rationalen Folgen beschreiben lassen. Man kann auch sagen, dass in $\mathbb{Q}$ alle endlichen oder periodischen Dezimalzahlen enthalten sind und in $\mathbb{R}$ alle Dezimalzahlen, also auch irrationale Zahlen π und e. Folgendes Schaubild veranschaulicht den Zusammenhang $\mathbb{N} \subset \mathbb{Z} \subset \mathbb{Q} \subset \mathbb{R}$ der verschiedenen Zahlenmengen:

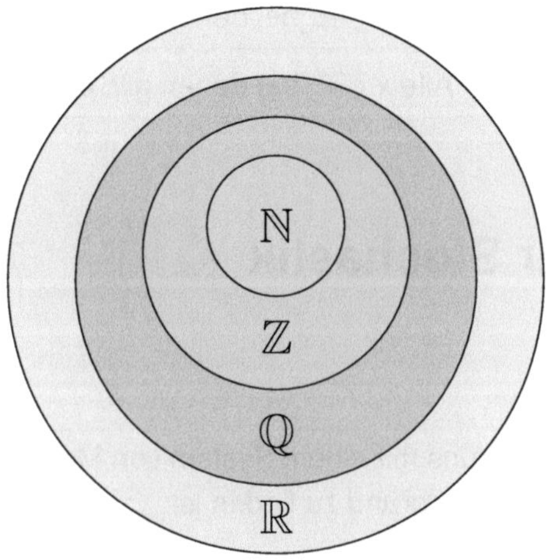

Interessant für eine spätere Unterscheidung in diskrete und stetige Verteilungen ist die Anzahl der Elemente:

> Sei A eine beliebige Menge. Mit $|A|$ und $\#A$ bezeichnen wir jeweils die **Anzahl** der Elemente. Beispielsweise ist
>
> $$\begin{aligned} |\{1,2,3\}| &= 3 \\ \#\{-2,-4,6,\pi\} &= 4 \\ |\emptyset| &= 0 \\ |\mathbb{N}| &= \infty \end{aligned}$$
>
> Gibt es eine Abbildung $f : \mathbb{N} \to A$, die alle Elemente in A trifft, so sagen wir, dass A **abzählbar** ist. Findet man keine solche Abbildung, so sagen wir, dass A **überabzählbar** ist.

Jede endlich Menge ist dabei automatisch abzählbar, interessanter ist die Betrachtung bei Mengen mit unendlich vielen Einträgen. Per Definition ist die Menge der natürlichen Zahlen abzählbar (die Abbildung schickt jedes Element wieder auf sich selbst). Für die ganzen Zahlen $\mathbb{Z}$ lässt sich die Funktion $f : \mathbb{N} \to \mathbb{Z}$ konstruieren, die jede gerade Zahl auf die positiven ganzen Zahlen abbildet und die ungeraden auf 0 und die negativen Zahlen:

Mächtigkeit

$$f(2) = 1,\; f(4) = 2,\; ...,\; f(1) = 0,\; f(3) = -1,\; f(5) = -2,\; ...$$

Somit treffen wir alle Elemente in $\mathbb{Z}$ und Z ist damit abzählbar, es gibt genau so viele ganze Zahlen wie natürliche Zahlen. Wir schreiben auch $|\mathbb{N}| = |\mathbb{Z}|$. Selbst für die rationalen Zahlen $\mathbb{Q}$ fand der Mathematiker *Georg Cantor* eine Abbildung mittels eines Diagonalverfahrens und konnte zeigen, dass $\mathbb{Q}$ ebenfalls abzählbar unendlich ist. Für die reellen Zahlen konnte er nachweisen, dass solch eine Abbildung nicht existiert, daher sind diese überabzählbar.

Intervalle

Weiter wiederholen wir in diesem Abschnitt noch die reellen Intervalle als Mengen, da diese im Laufe der verschiedenen Thematiken häufig auftauchen werden. Es gilt:

Intervall	**Bedeutung**
(a,b)	Alle $x \in \mathbb{R}$, bei denen gilt: $a < x < b$
$[a,b)$	Alle $x \in \mathbb{R}$, bei denen gilt: $a \leq x < b$
$(a,b]$	Alle $x \in \mathbb{R}$, bei denen gilt: $a < x \leq b$
$[a,b]$	Alle $x \in \mathbb{R}$, bei denen gilt: $a \leq x \leq b$

1.2 Grundbegriffe der Stochastik

1.2.1 Die σ-Algebra

In diesem Abschnitt befassen wir uns mit einem System von Mengen, welches für fast jeden Satz der Stochastik im Hinter- oder Vordergrund zu finden ist:

> Sei Ω eine beliebige nichtleere Menge und $\mathscr{P}(\Omega)$ die Potenzmenge dieser Menge.
>
> Wir bezeichnen ein Mengensystem $\mathscr{A} \subseteq \mathscr{P}(\Omega)$ als **σ-Algebra**, falls die folgenden Bedingungen erfüllt sind:
>
> 1. Die Grundmenge Ω ist im Mengensystem enthalten:
> $$\Omega \in \mathscr{A}$$
> 2. Das Mengensystem ist stabil unter Komplementbildung. Das bedeutet, dass folgende Implikation gilt:
> $$\forall B \in \mathscr{A} \;\Rightarrow\; B^c \in \mathscr{A}$$
> Dabei ist $B^c = \Omega \backslash B$.
> 3. Das Mengensystem ist stabil unter abzählbarer Vereinigung. Das bedeutet, dass für jede Familie von Mengen $(B_i)_{i\in\mathbb{N}}$ die Implikation gilt:
> $$B_1, B_2, ... \in \mathscr{A} \;\Rightarrow\; \bigcup_{i=1}^{\infty} B_i \in \mathscr{A}$$

Aus der Definition einer σ-Algebra können wir direkt weitere gültige Aussagen ableiten.

Eigenschaften einer σ-Algebra:

- Aus den ersten beiden Bedingungen folgt, dass auch die leere Menge in einer σ-Algebra enthalten sein muss, denn:

$$\Omega \overset{(1)}{\in} \mathscr{A} \overset{(2.)}{\Rightarrow} \Omega^c \in \mathscr{A} \Rightarrow \emptyset \in \mathscr{A}$$

  Als letzten Schritt haben wir $\Omega^c = \emptyset$ benutzt.

- Aus der zweiten und dritten Bedingung erhalten wir, dass eine σ-Algebra auch stabil unter abzählbaren Schnitten ist. Betrachten wir zunächst zwei Mengen $B_1, B_2 \in \mathscr{A}$, so erhalten wir mit den Regeln von DeMorgan die Gleichheit

$$(B_1 \cup B_2)^c = B_1^c \cap B_2^c.$$

  Unser Ziel ist es, den Schnitt von abzählbar unendlich vielen Elementen auf eine Vereinigung von Mengen und deren Komplementen zurückzuführen.

  Für die Mengen $B_1, B_2, ... \in \mathscr{A}$ erhalten wir

$$\forall i \in \{1, ...\} : B_i \in \mathscr{A} \overset{(2.)}{\Rightarrow} B_i^c \in \mathscr{A}.$$

  Vereinigen wir diese Komplemente, gilt nach Anwendung von 3. und 2.

$$\bigcup_{i=1}^{\infty} B_i^c \overset{(3.)}{\in} \mathscr{A} \Rightarrow \left(\bigcup_{i=1}^{\infty} B_i^c\right)^c \overset{(2.)}{\in} \mathscr{A}.$$

  Mit den Regeln von DeMorgan können wir das Konstrukt auf der rechten Seite wie folgt vereinfachen:
  Zunächst lösen wir das äußere Komplement auf, sodass die Vereinigung zu einem Schnitt wird und wir über die Komplemente schneiden:

$$\left(\bigcup_{i=1}^{\infty} B_i^c\right)^c = \bigcap_{i=1}^{\infty} (B_i^c)^c$$

  Im Anschluss nutzen wir, dass sich die Komplementbildung gegenseitig aufhebt, denn

$$(B_i^c)^c = \Omega \setminus B_i^c = \Omega \setminus (\Omega \setminus B_i) = B_i.$$

  Damit erhalten wir insgesamt

$$\left(\bigcup_{i=1}^{\infty} B_i^c\right)^c \in \mathscr{A} \Rightarrow \bigcap_{i=1}^{\infty} (B_i^c)^c \in \mathscr{A} \Rightarrow \bigcap_{i=1}^{\infty} B_i \in \mathscr{A}.$$

Im Anschluss betrachten wir einige σ-Algebren.

Beispiele: σ-Algebra
Die kleinste σ-Algebra besteht lediglich aus zwei Mengen und ist für jede nichtleere Menge Ω direkt zu bilden:

$$\mathscr{A} = \{\emptyset, \Omega\}$$

Zu jeder abzählbar-unendlichen Menge erhalten wir eine „große" σ-Algebra durch

$$\mathscr{A} = \mathscr{P}(\Omega).$$

Die Potenzmenge erfüllt alle für die σ-Algebra geforderten Bedingungen.

Ein weiteres **Beispiel** für die Menge $\Omega = \{a, b, c, d\}$ ist $\mathscr{A} = \{\emptyset, \Omega, \{a, b\}, \{c, d\}\}$.

Algorithmus zur Bildung einer σ-Algebra
Eine beliebte Aufgabe ist, zu einem gegebenen Mengensystem A und einer Menge Ω die kleinste σ-Algebra $\mathscr{A}$ zu finden, die A enthält. Der Zusatz „kleinste" wird hier gewählt, da wir für eine endliche Menge Ω sonst immer die Potenzmenge $\mathscr{P}(\Omega)$ wählen können.
Dazu gehen wir nach folgendem Schema vor:

1. Starte mit einem Mengensystem $\{\emptyset, \Omega\} \cup A$.
2. Bilde paarweise alle möglichen Vereinigungen der einzelnen Elemente des Mengensystems und ergänze die Fehlenden. Bei der Bildung der Vereinigungen können sowohl $\emptyset$ als auch Ω ignoriert werden. Sind keine neuen Mengen zu ergänzen, sind wir fertig.
3. Bilde paarweise alle Komplemente der einzelnen Elemente des Mengensystems und ergänze die fehlenden. Gehe zurück zu Schritt 2.

Beispiele: Algorithmus
Betrachten wir als erstes Beispiel die Menge $\Omega = \{a, b, c, d\}$ und das Mengensystem $A = \{\{a\}, \{b\}\}$. Im Folgenden möchten wir die kleinste σ-Algebra finden, die Ω und A enthält. Nach unserem Schema erhalten wir:

1. Im ersten Schritt bilden wir

   $$\mathscr{A} = \{\emptyset, \Omega, \{a\}, \{b\}\}.$$

   Wir schreiben in jedem Schritt stets erneut $\mathscr{A} =$ um Indizes oder Kennzeichnungen wie $\mathscr{A}'$ zu vermeiden.

2. Im zweiten Schritt bilden wir paarweise Vereinigungen:

   $$\{a\} \cup \{b\} = \{a, b\}$$

   Im Anschluss ergänzen wir die neuen Elemente zu unserem Mengensystem:

   $$\mathscr{A} = \{\emptyset, \Omega, \{a\}\{b\}, \{a, b\}\}.$$

3. Als dritten Schritt bilden wir paarweise Komplemente

   $$\begin{aligned} \Omega \setminus \{a\} &= \{b, c, d\} \\ \Omega \setminus \{b\} &= \{a, c, d\} \\ \Omega \setminus \{a, b\} &= \{c, d\} \\ \{a, b\} \setminus \{a\} &= \{b\} \\ \{a, b\} \setminus \{b\} &= \{a\} \end{aligned}$$

und ergänzen die Fehlenden:

$$\mathscr{A} = \{\emptyset, \Omega, \{a\}, \{b\}, \{a,b\}, \{c,d\}, \{a,c,d\}, \{b,c,d\}\}.$$

4. Bilden wir nun erneut paarweise die Vereinigungen aller Elemente, erkennen wir, dass keine weiteren Elemente entstehen und wir die σ-Algebra

$$\mathscr{A} = \{\emptyset, \Omega, \{a\}, \{b\}, \{a,b\}, \{c,d\}, \{a,c,d\}, \{b,c,d\}\}$$

erhalten. Der Vollständigkeit halber listen wir hier alle Vereinigungen auf:

$$\begin{array}{ccccc@{\qquad}ccccc}
\{a\} & \cup & \{b\} & = & \{a,b\} & \{b\} & \cup & \{a\} & = & \{a,b\} \\
\{a\} & \cup & \{a,b\} & = & \{a,b\} & \{b\} & \cup & \{a,b\} & = & \{a,b\} \\
\{a\} & \cup & \{c,d\} & = & \{a,c,d\} & \{b\} & \cup & \{c,d\} & = & \{b,c,d\} \\
\{a\} & \cup & \{a,c,d\} & = & \{a,c,d\} & \{b\} & \cup & \{a,c,d\} & = & \Omega \\
\{a\} & \cup & \{b,c,d\} & = & \Omega & \{b\} & \cup & \{b,c,d\} & = & \{b,c,d\} \\
\\
\{a,b\} & \cup & \{a\} & = & \{a,b\} & \{c,d\} & \cup & \{a\} & = & \{a,c,d\} \\
\{a,b\} & \cup & \{b\} & = & \{a,b\} & \{c,d\} & \cup & \{b\} & = & \{b,c,d\} \\
\{a,b\} & \cup & \{c,d\} & = & \Omega & \{c,d\} & \cup & \{a,b\} & = & \Omega \\
\{a,b\} & \cup & \{a,c,d\} & = & \Omega & \{c,d\} & \cup & \{a,c,d\} & = & \{a,c,d\} \\
\{a,b\} & \cup & \{b,c,d\} & = & \Omega & \{c,d\} & \cup & \{b,c,d\} & = & \{b,c,d\} \\
\\
\{a,c,d\} & \cup & \{a\} & = & \{a,c,d\} & \{b,c,d\} & \cup & \{a\} & = & \Omega \\
\{a,c,d\} & \cup & \{b\} & = & \Omega & \{b,c,d\} & \cup & \{b\} & = & \{b,c,d\} \\
\{a,c,d\} & \cup & \{a,b\} & = & \Omega & \{b,c,d\} & \cup & \{a,b\} & = & \Omega \\
\{a,c,d\} & \cup & \{c,d\} & = & \{a,c,d\} & \{b,c,d\} & \cup & \{c,d\} & = & \{b,c,d\} \\
\{a,c,d\} & \cup & \{b,c,d\} & = & \Omega & \{b,c,d\} & \cup & \{a,c,d\} & = & \Omega
\end{array}$$

Als zweites **Beispiel** betrachten wir $\Omega = \{1,2,3,a,b\}$ und das Mengensystem $A = \{\{1\}, \{a,b\}, \{1,2,a\}\}$. Dabei gehen wir erneut nach dem Schema vor:

1. Wir starten mit der Ausgangsmenge

$$\mathscr{A} = \{\emptyset, \Omega, \{1\}, \{a,b\}, \{1,2,a\}\}.$$

2. Im nächsten Schritt bilden wir paarweise alle Vereinigungen und notieren folgend die, die neue Elemente ergeben:

$$\begin{array}{ccccc}
\{1\} & \cup & \{a,b\} & = & \{1,a,b\} \\
\{1,2,a\} & \cup & \{a,b\} & = & \{1,2,a,b\}
\end{array}$$

Damit erweitern wir

$$\mathscr{A} = \{\emptyset, \Omega, \{1\}, \{a,b\}, \{1,2,a\}, \{1,a,b\}, \{1,2,a,b\}\}.$$

3. Als dritten Schritt bilden wir die Komplemente und notieren erneut die, die neue Elemente hervorbringen:

$$
\begin{aligned}
\Omega \setminus \{1\} &= \{2, 3, a, b\} \\
\Omega \setminus \{a, b\} &= \{1, 2, 3\} \\
\Omega \setminus \{1, 2, a\} &= \{3, b\} \\
\Omega \setminus \{1, a, b\} &= \{2, 3\} \\
\Omega \setminus \{1, 2, a, b\} &= \{3\} \\
\{1, 2, a, b\} \setminus \{1\} &= \{2, a, b\} \\
\{1, 2, a, b\} \setminus \{a, b\} &= \{1, 2\} \\
\{1, 2, a, b\} \setminus \{1, 2, a\} &= \{b\} \\
\{1, 2, a, b\} \setminus \{1, a, b\} &= \{2\} \\
\{1, 2, a\} \setminus \{1\} &= \{2, a\}
\end{aligned}
$$

Damit erhalten wir vorläufig

$$
\begin{aligned}
\mathscr{A} = \{&\emptyset, \Omega, \{1\}, \{2\}, \{3\}, \{b\}, \{1, 2\}, \{2, 3\}, \{2, a\}, \{3, b\}, \{a, b\}, \\
&\{1, 2, 3\}, \{1, 2, a\}, \{1, a, b\}, \{2, a, b\}, \{1, 2, a, b\}, \{2, 3, a, b\}\}.
\end{aligned}
$$

4. Als Nächstes bilden wir erneut paarweise alle Vereinigungen und notieren uns die so entstandenen neuen Mengen:

$$
\begin{aligned}
\{1\} \cup \{3\} &= \{1, 3\} \\
\{1\} \cup \{b\} &= \{1, b\} \\
\{1\} \cup \{3, b\} &= \{1, 3, b\} \\[1ex]
\{2\} \cup \{b\} &= \{2, b\} \\
\{2\} \cup \{3, b\} &= \{2, 3, b\} \\[1ex]
\{3\} \cup \{2, a\} &= \{2, 3, a\} \\
\{3\} \cup \{a, b\} &= \{3, a, b\} \\
\{3\} \cup \{1, 2, a\} &= \{1, 2, 3, a\} \\
\{3\} \cup \{1, a, b\} &= \{1, 3, a, b\} \\[1ex]
\{b\} \cup \{1, 2\} &= \{1, 2, b\} \\
\{b\} \cup \{1, 2, 3\} &= \{1, 2, 3, b\}
\end{aligned}
$$

Damit erhalten wir

$$
\begin{aligned}
\mathscr{A} = \{&\emptyset, \Omega, \{1\}, \{2\}, \{3\}, \{b\}, \{1, 2\}, \{1, 3\}, \{2, 3\}, \{1, b\}, \{2, a\}, \{2, b\}, \{3, b\}, \{a, b\}, \\
&\{1, 2, 3\}, \{1, 2, a\}, \{1, 2, b\}, \{1, 3, b\}, \{2, 3, a\}, \{2, 3, b\}, \{1, a, b\}, \{2, a, b\}, \{3, a, b\}, \\
&\{1, 2, 3, a\}, \{1, 2, 3, b\}, \{1, 2, a, b\}, \{1, 3, a, b\}, \{2, 3, a, b\}\}.
\end{aligned}
$$

5. Im letzten Schritt bilden wir die Komplemente

$$\Omega\setminus\{2,b\} = \{1,3,a\}$$
$$\Omega\setminus\{1,2,b\} = \{3,a\}$$
$$\Omega\setminus\{2,3,b\} = \{1,a\}$$
$$\Omega\setminus\{1,2,3,b\} = \{a\}$$

und erhalten insgesamt

$$\mathscr{A} = \mathscr{P}(\Omega)$$

die Potenzmenge als σ-Algebra.

Wir sehen, dass der Algorithmus zwar in jedem Fall zum Ziel kommt, aber auch bei relativ kleinen Mengensystemen A große σ-Algebren herauskommen können, sodass die Rechnung einiges an Zeit beansprucht. Für spezielle Fälle halten wir daher einen Satz fest, dem gerade bei größeren Mengen Beachtung geschenkt werden sollte:

Sei Ω eine beliebige nicht leere Menge, A ein vorgegebenes Mengensystem und $\mathscr{A}$ die kleinste σ-Algebra bezüglich Ω, die A enthält. Dann gelten die folgenden beiden Aussagen:

- Für ein weiteres Mengensystem A' mit $A \subseteq A'$ gilt für jede σ-Algebra $\mathscr{A}'$, die A' enthält:

$$\mathscr{A} \subseteq \mathscr{A}'$$

- Enthält eine σ-Algebra $\mathscr{A}$ alle einelementigen Teilmengen von Ω, so gilt

$$\mathscr{A} = \mathscr{P}(\Omega).$$

Der zweite Teil folgt dabei direkt aus der Abgeschlossenheit der Vereinigung, da wir aus den einelementigen Mengen via Vereinigung alle anderen Mengen erhalten können.

Die Kombination dieser Sätze führt dazu, dass es in manchen Fällen sinnvoll ist, zu überlegen, ob wir durch Vereinigung und Komplementbildung alle einelementigen Mengen erzeugen können, sodass wir direkt die Potenzmenge als σ-Algebra erhalten.

In obigem zweiten Beispiel waren die Mengen $\Omega = \{1,2,3,a,b\}$ und $A = \{\{1\},\{a,b\},\{1,2,a\}\}$ gegeben. Wir sehen direkt, dass die einelementige Menge $\{1\}$ enthalten ist. Mit

$$\{1,2,a,\}\setminus(\{1\}\cup\{a,b\}) = \{2\}$$

erhalten wir die einelementige Menge $\{2\}$. Wiederum erhalten wir durch $\{2\}$

$$\{1,2,a,\}\setminus(\{1\}\cup\{2\}) = \{a\}$$

und somit

$$\{a,b\}\setminus\{a\} = \{b\}.$$

Mit vier einelementigen Mengen ergibt sich die Letzte direkt durch

$$\Omega \setminus (\{1\} \cup \{2\} \cup \{a\} \cup \{b\}) = \{3\}.$$

Da alle einelementigen Mengen in der σ-Algebra enthalten sein müssen, können wir direkt

$$\mathscr{A} = \mathscr{P}(\Omega)$$

schlussfolgern.

1.2.2 Die Borel'sche σ-Algebra

Im letzten Abschnitt haben wir verschiedene Beispiele von σ-Algebren über vorgegebenen Mengen Ω kennengelernt. Dabei war Ω in jedem Beispiel endlich und das Bilden von mindestens einer σ-Algebra stets unproblematisch, da wir mit $\mathscr{P}(\Omega)$ eine solche – eventuell zu große – σ-Algebra wählen können. Besteht Ω aus abzählbar unendlich vielen Elementen, also beispielsweise $\Omega = \mathbb{N}$, so ist die $\mathbb{P}(\Omega)$ weiterhin eine mögliche σ-Algebra.

Im Falle einer überabzählbaren Menge, beispielsweise $\Omega = \mathbb{R}$, wird die Potenzmenge „zu groß". Auf diesen Umstand möchten wir im Zuge dieses Heftes nicht im Detail eingehen, da er meist in weiterführenden Stochastik-Veranstaltungen behandelt wird. Ziel ist es u.a., dass alle stetigen Funktionen in der σ-Algebra messbar sein sollen, eine Eigenschaft, die wir im späteren Verlauf dieses Lernhefts noch kennenlernen werden. Dies führt zu folgender Definition:

> Sei $\mathscr{B}(\mathbb{R})$ die kleinste σ-Algebra, die alle halboffenen Intervalle $I =]a, b]$ mit $a < b$ und $a, b \in \mathbb{R}$ enthält. Diese bezeichnen wir als **Borel'sche σ-Algebra.** Jedes Element $A \in \mathscr{B}(\mathbb{R}$ der Borel'schen σ-Algebra nennen **Borel-Menge.**

Eigenschaften der Borel'schen σ-Algebra

Im Folgenden halten wir einige Eigenschaften der Borel'schen σ-Algebra fest, welche sich alle daraus ableiten lassen, dass lediglich alle halboffenen Intervalle $]a, b]$ enthalten sind:

1. Die Borel'sche σ-Algebra enthält jede einelementige Menge $\{a\}$:

   Um dies zu zeigen, müssen wir mit Hilfe von halboffenen Intervallen und den zugelassenen Operationen aus der Definition einer σ-Algebra die einelementigen Mengen konstruieren:

   $$\{a\} = \bigcap_{n=1}^{\infty} \left] a - \frac{1}{n}, a \right]$$

   Für alle $n \in \mathbb{N}$ ist

   $$A_n = \left] a - \frac{1}{n}, a \right]$$

   ein halboffenes Intervall, und somit gilt $A_n \in \mathscr{B}(\mathbb{R})$. Da $\mathscr{B}(\mathbb{R})$ eine σ-Algebra ist, liegt der abzählbare Schnitt von Mengen wieder in der σ-Algebra und die Borel'sche σ-Algebra enthält alle einelementigen Mengen.

2. Neben den halboffenen Intervallen, enthält die Borel'sche σ-Algebra alle offenen Intervalle:

   Mit Hilfe der einelementigen Mengen erhalten wir für $a, b \in \mathbb{R}$ mit $a < b$

   $$]a, b[=]a, b] \setminus \{b\}.$$

Da sowohl die einelementige Menge $\{b\}$ als auch das halboffene Intervall $]a, b]$ in der Borel'schen σ-Algebra enthalten ist, ist auch das Komplement in $\mathscr{B}(\mathbb{R})$ enthalten. Das Komplement ergibt aber genau die offene Menge $]a, b[$.

Betrachten wir nun das offene Intervall $]-\infty, b[$. Dieses stellen wir durch den Schnitt

$$]-\infty, b] = \bigcup_{n=1}^{\infty}]-n, b]$$

dar. Die Mengen $A_n =]-n, b]$ stellen halboffene Intervalle dar und sind damit in $\mathscr{B}(\mathbb{R})$ enthalten. Mit der gleichen Begründung wie in 1. ist der abzählbare Schnitt halboffener Mengen weiterhin in der σ-Algebra enthalten und insgesamt gilt

$$]-\infty, b[=]-\infty, b] \setminus \{b\} \in \mathscr{B}(\mathbb{R}).$$

Die letzte offene Menge $]a, \infty[$ funktioniert analog.

3. Ebenso beinhaltet die Borel'sche σ-Algebra alle abgeschlossenen Intervalle.

   Die abgeschlossenen Intervalle erhalten wir mit den einelementigen Mengen direkt durch Vereinigung:

$$[a, b] =]a, b] \cup \{a\}$$

1.2.3 Der Wahrscheinlichkeitsraum

In diesem Kapitel fassen wir die Grundbegriffe der Stochastik zusammen, die als Modell stets im Hintergrund vorhanden sein müssen. Dabei stellen wir uns die Frage, was genau wir beobachten können, welche Konstellation wir beobachten wollen beziehungsweise wie wir den Eintritt einer solchen Konstellation hinsichtlich ihrer Wahrscheinlichkeit bewerten. Dazu starten wir mit einigen Definitionen:

Stochastik & Mengen

Sei Ω eine nichtleere Menge. Möchten wir mit Hilfe von Ω die Ergebnisse beziehungsweise Ereignisse eines Experiments beschreiben, so bezeichnen wir Ω als **Stichprobenraum** oder auch als **Stichprobenmenge**.

Die Wahl von Ω ist dabei im Allgemeinen nicht eindeutig, führt aber zu gleichen Ergebnissen bei der wahrscheinlichkeitstheoretischen Betrachtung. In jedem Fall soll Ω alle möglichen Ausgänge eines Experiments beinhalten.

Beispiele: Stichprobenraum

Im Folgenden betrachten wir einige Experimente und stellen jeweils einen möglichst adäquaten Stichprobenraum mathematisch dar:

1. Beginnen wir mit dem Paradebeispiel: Dem einfachen Münzwurf. Wir werfen eine Münze, die entweder Kopf oder Zahl zeigt und interessieren uns für die möglichen Ausgänge des Experiments. In diesem ersten (noch simplen) Fall gibt es nur die beiden Ergebnisse „Kopf" und „Zahl". Diese können auf verschiedene Arten mathematisch modelliert werden:

$$\Omega_1 = \{\omega \mid \omega \in \{\text{Kopf}, \text{Zahl}\}\}$$
$$\Omega_2 = \{\omega \mid \omega \in \{\text{K}, \text{Z}\}\}$$
$$\Omega_3 = \{\omega \mid \omega \in \{1, 0\}\}$$

   Dabei „übersetzen" wir K mit Kopf bzw. 1 mit Kopf.

2. Als Nächstes betrachten wir einen zehnfachen Münzwurf. Wir werfen zehnmal eine Münze und notieren uns jeweils das Ergebnis jedes Wurfs. Dieses sukzessive Vorgehen lässt sich direkt auf unseren Stichprobenraum übertragen:

$$\Omega = \{(\omega_1, \omega_2. ..., \omega_{10})\} \mid \omega_i \in \{\text{K}, \text{Z}\} \text{ für } i \in \{1, ..., 10\}\}$$

Wir sehen, dass jedem ω_i ein Wert K (= Kopf) oder Z (= Zahl) zugeordnet und daraus ein Tupel gebildet wird. Beispielsweise bedeutet das Tupel (K, K, K, K, K, K, K, K, K, KZ), dass die ersten neun Würfe alle Kopf zeigten und der letzte Wurf Zahl.

3. Im dritten Beispiel betrachten wir ein zusammengesetztes Experiment aus dem einfachen Wurf einer Münze und dem einfachen Wurf dreier 6-seitiger Würfel. Wir modellieren dies durch

$$\Omega_1 = \{(w_1, w_2, w_3, w_4) \mid w_1 \in \{\text{K}, \text{Z}\} \text{ und } w_i \in \{1, 2, ..., 6\} \text{ für } i \in \{2, 3, 4\}\}.$$

Denkbar ist in diesem Fall auch eine mathematisch strengere Modellierung, die sich nur in einem kleinen Detail unterscheidet:

$$\Omega_2 = \{(w_1, (w_2, w_3, w_4)) \mid w_1 \in \{\text{K}, \text{Z}\} \text{ und } w_i \in \{1, 2, ..., 6\} \text{ für } i \in \{2, 3, 4\}\}$$

Das zweite Modell unterstreicht hier etwas strenger den Unterschied zwischen Münze und Würfel, sowie dass es sich um drei Würfel handelt. An der späteren Betrachtung der Wahrscheinlichkeit ändert dies nichts, sodass wir im Folgenden stets mehrfache Klammern weglassen.

4. Als letztes Beispiel betrachten wir das Ziehen einer Karte aus einem gängigen 32-Karten Skatblatt und dem Wurf einer Münze. Bei der Spielkarte interessieren wir uns sowohl für den „Wert" der Karte als auch für die Farbe. Dies führt zu folgendem Modell:

$$\begin{aligned}\Omega = \{(\omega_1, \omega_2, \omega_3) \mid\ & \omega_1 \in \{7, 8, 9, 10, \text{Bube}, \text{Dame}, \text{König}, \text{Ass}\},\\ & \omega_2 \in \{\text{Kreuz}, \text{Herz}, \text{Karo}, \text{Pik}\} \text{ und}\\ & \omega_3 \in \{\text{Kopf}, \text{Zahl}\}\}\end{aligned}$$

Experiment, Ergebnis und Ereignis

Nun halten wir die Definition dessen fest, welches wir stochastisch bewerten möchten:

> Sei Ω ein Stichprobenraum eines Experiments. Jedes $\omega \in \Omega$ bezeichnen wir als **Ergebnis** des Experiments. Damit wird Ω auch als **Ergebnisraum** oder **Ergebnismenge** bezeichnet.
>
> Eine Menge von Ergebnissen beziehungsweise eine Teilmenge A des Stichprobenraums Ω nennen wir **Ereignis**. Dabei bezeichnen wir $A = \emptyset$ als das **unmögliche Ereignis** und $A = \Omega$ als das **sichere Ereignis**.
>
> Um Verwirrungen zwischen Ergebnis und Ereignis zu vermeiden, bezeichnen wir das Ereignis $\{\omega\}$ als **Elementarereignis**.

Im Folgenden übersetzen wir die gängigsten Mengenoperationen auf sprachlicher Ebene im stochastischen Kontext:

Operation	**Übersetzung**
$A \cup B$	Es gilt mindestens ein Ereignis A oder B.
$A \cap B$	Es gelten beide Ereignisse A und B.
$A \setminus B$	Es gilt Ereignis A, aber nicht B.
A^c	Negation des Ereignisses A
$\bigcup_{i=1}^{\infty} A_i$	Mindestens ein Ereignis A_i aus der Folge $(A_n)_{n\in\mathbb{N}}$ gilt.
$\bigcap_{i=1}^{\infty} A_i$	Alle Ereignisse A_i aus der Folge $(A_n)_{n\in\mathbb{N}}$ gelten.
$\liminf_{k\to\infty} A_k$	Fast alle A_k der Folge $(A_n)_{n\in\mathbb{N}}$ gelten.
$\limsup_{k\to\infty} A_k$	Unendlich viele A_k der Folge $(A_n)_{n\in\mathbb{N}}$ gelten.

Abschließend gehen wir auf die letzten beiden Punkte genauer ein:
Zum Einen können wir den lim inf und lim sup für eine Folge $(A_n)_{n\in\mathbb{N}}$ von Ereignissen durch

$$\liminf_{k\to\infty} A_k = \bigcup_{k=1}^{\infty} \bigcap_{j\geq k} A_j \quad \text{und} \quad \limsup_{k\to\infty} A_k = \bigcap_{k=1}^{\infty} \bigcup_{j\geq k} A_j \quad \text{definieren.}$$

Zum Anderen möchten wir auf den mathematischen Unterschied in „gilt für fast alle“ und „gilt für unendlich viele“ hinweisen. Wenn eine Aussage A_k für fast alle $k \in \mathbb{N}$ gilt, so bedeutet dies, dass es nur endlich viele Ausnahmen gibt, bei denen die Aussage nicht gilt. Insbesondere gibt es einen Index k_0, sodass die Aussage A_k für alle $k > k_0$ stets gültig ist. Gilt eine Aussage A_k für unendlich viele $k \in \mathbb{N}$, so ist dies wörtlich zu verstehen und es gibt unendlich viele Indizes $k \in \mathbb{N}$, sodass die Aussage wahr ist. Beispielsweise könnte A_k für alle geraden Zahlen wahr sein. Damit gibt es auf der einen Seite unendlich viele Indizes, bei denen die Aussage nicht gültig ist – nämlich alle ungeraden Zahlen – und auf der anderen Seite gibt es keinen Index k_0, ab welchem die Aussage stets erfüllt ist, da es in jeder Größenordnung ungerade Zahlen gibt. „Für fast alle“ ist daher eine stärkere Voraussetzung.

Eine Aufgabe der Stochastik ist es, einem Ereignis eine Wahrscheinlichkeit zuzuordnen. Der Begriff der Wahrscheinlichkeit ist jedoch ein sprachliches Gebilde und wird zunächst mathematisch festgehalten:

Sei Ω ein Stichprobenraum und $\mathscr{A}$ eine σ-Algebra zu Ω. Wir bezeichnen die Abbildung

$$\begin{aligned} \mathbb{P}\colon \mathscr{A} &\to [0,1] \\ A &\mapsto \mathbb{P}(A) \end{aligned}$$

als **Wahrscheinlichkeitsmaß** oder auch **Wahrscheinlichkeitsverteilung**, wenn die folgenden Bedingungen erfüllt sind:

1. $\mathbb{P}$ ist normiert: $\mathbb{P}(\Omega) = 1$

2. $\mathbb{P}$ ist σ-additiv: Für paarweise disjunkte Menge $A_1, A_2, ... \in \mathscr{A}$ gilt

$$\mathbb{P}\left(\bigcup_{i=1}^{\infty} A_i\right) = \sum_{i=1}^{\infty} \mathbb{P}(A_i).$$

Aus der Definition des Wahrscheinlichkeitsmaßes können wir folgende Rechenregeln herleiten:

Eigenschaften von Wahrscheinlichkeitsmaßen:

1. Wir können zu einem Ereignis $A \in \mathscr{A}$ die Wahrscheinlichkeit des Gegenereignisses $A^c \in \mathscr{A}$ bestimmen. Da A und A^c per Definition disjunkt sind, erhalten wir

$$\Omega = A \cup A^c \Rightarrow 1 \overset{(1.)}{=} \mathbb{P}(\Omega) \overset{(2.)}{=} \mathbb{P}\left(A^c\right) + \mathbb{P}(A) \Leftrightarrow \mathbb{P}\left(A^c\right) = 1 - \mathbb{P}(A)$$

   Die Wahrscheinlichkeit $\mathbb{P}(A^c)$ wird auch **Gegenwahrscheinlichkeit** genannt.

2. Die Wahrscheinlichkeit der leeren Menge berechnen wir durch

$$\mathbb{P}(\emptyset) = \mathbb{P}\left(\Omega^c\right) = 1 - \mathbb{P}(\Omega) = 1 - 1 = 0.$$

3. Aus der Definition des Wahrscheinlichkeitsmaßes entnehmen wir eine Rechenvorschrift für lediglich disjunkte Mengen. Im allgemeinen Fall ergibt sich für zwei Mengen die Regel

$$\mathbb{P}(A \cup B) = \mathbb{P}(A) + \mathbb{P}(B) - \mathbb{P}(A \cap B).$$

   Sind die Mengen A und B disjunkt, so erhalten wir aus der σ-Additivität des Wahrscheinlichkeitsmaßes $\mathbb{P}$ den Zusammenhang

$$\mathbb{P}(A \cup B) = \mathbb{P}(A) + \mathbb{P}(B).$$

   Dies stimmt mit der allgemeinen Formel überein, da für disjunkte Mengen $A \cap B = \emptyset$ gilt und daher

$$\mathbb{P}(A \cap B) = \mathbb{P}(\emptyset) = 0.$$

   Nehmen wir im Folgenden also an, dass A und B nicht disjunkt sind. Um die allgemeine Formel zu beweisen, bilden wir Mengen, die disjunkt zueinander sind, damit wir die Eigenschaften des Wahrscheinlichkeitsmaßes anwenden können. In diesem Fall bieten sich die Mengen

$$B \setminus A \quad \text{und} \quad A$$

   an. Weil A und B nicht disjunkt sind, ist $B \setminus A \neq \emptyset$. Damit erhalten wir

$$\mathbb{P}(A \cup B) = \mathbb{P}((B \setminus A) \cup A) = \mathbb{P}(B \setminus A) + \mathbb{P}(A).$$

   Im nächsten Schritt ergänzen wir additiv eine 0 und bringen somit den Ausdruck $\mathbb{P}(A \cap B)$ mit in die Gleichung. Es ergibt sich

$$\begin{aligned}\mathbb{P}(B \setminus A) + \mathbb{P}(A) &= \mathbb{P}(B \setminus A) + \mathbb{P}(A) + \mathbb{P}(A \cap B) - \mathbb{P}(A \cap B) \\ &= \mathbb{P}(B \setminus A) + \mathbb{P}(A \cap B) + \mathbb{P}(A) - \mathbb{P}(A \cap B)\end{aligned}$$

   Da die Mengen $B \setminus A$ und $A \cup B$ ebenfalls disjunkt sind, wenden wir erneut die σ-Additivität an und erhalten

$$\begin{aligned}\mathbb{P}(B \setminus A) + \mathbb{P}(A \cap B) + \mathbb{P}(A) - \mathbb{P}(A \cap B) &= \mathbb{P}((B \setminus A) \cup (A \cap B)) + \mathbb{P}(A) - \mathbb{P}(A \cap B) \\ &= \mathbb{P}(B) + \mathbb{P}(A) - \mathbb{P}(A \cap B).\end{aligned}$$

4. Als letzte Eigenschaften betrachten wir zwei Folgen von Ereignissen. Dabei sei $(A_n)_{n\in\mathbb{N}}$ eine Folge von aufsteigenden Ereignissen, also für alle $n \in \mathbb{N}$ ist $A_n \subseteq A_{n+1}$ und $(B_n)_{n\in\mathbb{N}}$ eine Folge von absteigenden Ereignissen, also für alle $n \in \mathbb{N}$ gilt $B_{n+1} \subseteq B_n$.

   So gelten die Aussagen

$$\mathbb{P}\left(\bigcup_{k=1}^{\infty} A_k\right) = \lim_{n\to\infty} \mathbb{P}(A_n) \quad \text{und} \quad \mathbb{P}\left(\bigcap_{k=1}^{\infty} A_k\right) = \lim_{n\to\infty} \mathbb{P}(A_n).$$

   Wir beschränken uns im Beweis auf den ersten Teil. Wir möchten eine Aussage über die Wahrscheinlichkeit von einer Vereinigung von Ereignissen treffen. Um die σ-Additivität anwenden zu können, müssen wir die Mengen zunächst umschreiben und so eine Vereinigung von disjunkten Mengen erhalten. Dabei gehen wir wie im Beweis der letzten Eigenschaft vor und definieren $B_0 = A_0$ und $B_n = A_n \setminus A_{n-1}$.

   Damit ergibt sich

$$A_n = \bigcup_{k=1}^{n} B_k \quad \text{sowie} \quad \bigcup_{k=1}^{n} A_k = \bigcup_{k=1}^{n} B_k.$$

   Die Vereinigungen stimmen überein, da die Mengen B_k nur die „neuen Elemente", die bei der Vereinigung hinzukommen, berücksichtigen. Da die B_k per Konstruktion disjunkt sind, gilt damit

$$\mathbb{P}\left(\bigcup_{k=1}^{\infty} A_k\right) = \mathbb{P}\left(\bigcup_{k=1}^{\infty} B_k\right) = \sum_{k=1}^{\infty} \mathbb{P}(B_k) = \lim_{n\to\infty} \sum_{k=1}^{n} \mathbb{P}(B_k)$$
$$= \lim_{n\to\infty} \mathbb{P}\left(\bigcup_{k=1}^{n} B_k\right) = \lim_{n\to\infty} \mathbb{P}(A_n).$$

   Wir erkennen, dass beim Umgang mit Wahrscheinlichkeitsmaßen und Vereinigungen ein Umweg über die Komplemente oft zielführend ist.

Mit Hilfe der neu eingeführten Begriffe können wir die folgende Definition festlegen:

> Sei Ω ein Stichprobenraum, $\mathscr{A}$ eine σ-Algebra über Ω und $\mathbb{P} : \mathscr{A} \to [0,1]$ ein Wahrscheinlichkeitsmaß. So bezeichnen wir das Tupel $(\Omega, \mathscr{A})$ als Mess- beziehungsweise Ereignisraum. Zudem sprechen wir bei dem Tupel $(\Omega, \mathscr{A}, \mathbb{P})$ von einem **Wahrscheinlichkeitsraum**. Ein Wahrscheinlichkeitsraum oder kurz W-Raum ist also ein Ereignisraum, bei dem wir zusätzlich in der Lage sind, jedem Ereignis $A \in \mathscr{A}$ eine Wahrscheinlich $\mathbb{P}(A) \in [0,1]$ zuzuordnen.

Bei den meisten stochastischen Anwendungen muss ein Wahrscheinlichkeitsraum gegeben sein oder operiert ohne Nennung im Hintergrund. Diese Räume können wir charakterisieren:

> Sei $(\Omega, \mathscr{A}, \mathbb{P})$ ein Wahrscheinlichkeitsraum, so sprechen wir
>
> - im Falle von $|\Omega| < \infty$ von einem **endlichen Wahrscheinlichkeitsraum**.
> - im Falle von einem endlichen oder abzählbar unendlichen Stichprobenraum Ω von einem **diskreten Wahrscheinlichkeitsraum**.
> - im Falle von einem überabzählbar unendlichen Stichprobenraum Ω von einem **stetigen Wahrscheinlichkeitsraum**.

1.3 Aufgaben

Lösungen

Aufgabe 1: (Level:)
Bei welchem der folgenden Objekte handelt es sich um Mengen?

a) $A = \{1, 2, 3, 5, 6, \text{a}, \text{b}, \text{c}, \bullet\}$

b) $B = \{\text{a}, \text{aa}, \text{aaa}, \text{ab}, \text{aba}, \text{abb}, \text{baa}, \text{ab}, \text{abc}\}$

Aufgabe 2: (Level:)
Bilde von den beiden Mengen $A = \{\text{a}, \text{b}, \text{c}, 1, 2, 3, 5, 7{,}9\}$ und $B = \{\text{a}, \text{ab}, \text{ac}, \text{a1}, 1, 2, 4, 7, 8, 9\}$ sowohl den Schnitt und die Vereinigung als auch die jeweilige Differenz der Mengen.

Aufgabe 3: (Level:)
Seien $A = \{1, 2, 3, 4, 5, 6, 7, 8, 9\}$, $B = \{2, 3, 5, 7, 11\}$ und $C = \{\text{a}, \text{b}, \text{c}, 1, 2, 3, 10, 9\}$.

Bestimme die Mengen.

a) $A \cap B \cap C$

b) $(A \backslash B) \cup (A \cap C)$

c) $(A \cap B) \cup (C \backslash (A \cap B))$

Aufgabe 4: (Level:)
Seien A, B, C und D vier Ereignisse eines Stichprobenraums Ω. Übersetze die folgenden Ereignisse in die Mengenschreibweise.

a) Das Ereignis A, aber nicht das Ereignis B tritt ein.

b) Es tritt mindestens eines der Ereignisse B, C oder D ein.

c) Es treten die Ereignisse A und B aber nicht C ein.

d) Es treten genau zwei der vier Ereignisse ein.

Aufgabe 5: (Level:)
Bilde zu den angegebenen Experimenten einen Stichprobenraum und definiere das Ereignis mathematisch.

a) Experiment: Einfacher Wurf eines fairen sechsseitigen Würfels, Ereignis: Wurf einer geraden Zahl

b) Experiment: Zweifacher Wurf eines fairen achtseitigen Würfels, Ereignis: Pasch (zwei Mal die gleiche Zahl)

c) Experiment: Wurf einer gezinkten Münze. Bei Kopf wird ein fairer sechsseitiger Würfel geworfen, bei Zahl ein achtseitiger Würfel, der nur die Zahlen 0 und 1 enthält. Ereignis: Würfel zeigt eine gerade Zahl.

Aufgabe 6: (Level:)
Zeige oder widerlege, dass es sich bei den folgenden Mengensystemen um σ–Algebren handelt.

a) $\mathscr{A} = \{\{1\}, \{2\}, \{1, 2\}\}$

b) $\mathscr{A} = \{\emptyset, \{a\}, \{b\}, \{a, b\}\}$

c) $\mathscr{A} = \{A \subseteq \Omega \mid A$ ist endlich oder A^c ist endlich.$\}$

d) $\mathscr{A} = \{A \subseteq \Omega \mid A$ ist abzählbar oder A^c ist abzählbar.$\}$

Aufgabe 7: (Level:)
Erweitere die folgenden Mengensysteme zu σ–Algebren über Ω.

a) $\Omega = \{1, 2, 3, 4, 5, 6\}$ und $\mathscr{A} = \{\{1\}, \{2\}, \{4, 5\}, \{3, 6\}\}$

b) $\Omega = \{1, a, (1, a), 2, b, (2, b)\}$ und $\mathscr{A} = \{\{1, (1, a\}, \{1, (2, b\}\}$

Aufgabe 8: (Level:)
Beweise oder widerlege.

a) Sind $\mathscr{A}_1$ und $\mathscr{A}_2$ σ–Algebren, so ist auch $\mathscr{A}_1 \cap \mathscr{A}_2$ eine σ–Algebra.

b) Sind $\mathscr{A}_1$ und $\mathscr{A}_2$ σ–Algebren, so ist auch $\mathscr{A}_1 \cup \mathscr{A}_2$ eine σ–Algebra.

2 Der Laplace'sche Wahrscheinlichkeitsraum

2.1 Definition und Einführung

Im letzten Kapitel haben wir diverse stochastische Objekte kennengelernt, die in der Definition des Wahrscheinlichkeitsraums mündeten. Dieses Kapitel beschäftigt sich mit einem speziellen endlichen Wahrscheinlichkeitsraum:

Sei $(\Omega, \mathscr{A}, \mathbb{P})$ ein endlicher Wahrscheinlichkeitsraum. Wir sprechen vom **Laplace'schen Wahrscheinlichkeitsraum**, wenn das Wahrscheinlichkeitsmaß $\mathbb{P}$ jedem Elementarereignis die gleiche Wahrscheinlichkeit zuordnet. Mathematisch schreiben wir

$$\forall \omega \in \Omega: \ \mathbb{P}(\{\omega\}) = \frac{1}{|\Omega|}.$$

Dies führt dazu, dass wir jedem Ereignis $A \in \mathscr{A}$ direkt eine Wahrscheinlichkeit zuordnen können, denn es gilt

$$\mathbb{P}(A) = \frac{|A|}{|\Omega|} = \frac{\text{„Anzahl der günstigen Möglichkeiten"}}{\text{„Anzahl aller Möglichkeiten"}}.$$

Im Laplace'schen Wahrscheinlichkeitsraum schreiben wir für das Wahrscheinlichkeitsmaß kurz $\mathbb{P} = \mathscr{L}_\Omega$.

Beispiel: Laplace'scher Wahrscheinlichkeitsraum (1)
Wir möchten die Wahrscheinlichkeit bestimmen, dass die Summe zweier fairer Würfel fünf ergibt. Dazu betrachten wir zunächst die Stichprobenmenge Ω als Menge aller möglichen Ausgänge. Wir modellieren mit dem Paar (i,j) den Ausgang des Wurfes, wobei i die Augen des ersten Würfels und j die Augen des zweiten Würfels angibt. Damit gilt:

$$\Omega = \{(1,1),(1,2),\dots,(1,6),(2,1),\dots,(6,6)\} \quad \text{und} \quad |\Omega| = 36$$

Die Anzahl von Ω lässt sich in diesem Fall auch anders herleiten:

Kreuzprodukt

Seien $A, B, C, \dots$ nichtleere endliche Mengen. Für Tupel $(a,b,c,\dots)$ mit $a \in A$, $b \in B$ usw. ergibt sich für die Menge

$$\Omega = A \times B \times C \times \dots, \quad \text{dass}$$
$$|\Omega| = |A| \cdot |B| \cdot |C| \cdot \dots$$

Da jeder Würfel sechs mögliche Ausgänge hat, ergibt sich die Anzahl von Ω durch $|\Omega| = 6 \cdot 6 = 36$.

Für die Wahrscheinlichkeit benötigen wir ebenso die Anzahl der günstigen Ausgänge, die wir mit der Menge A bezeichnen. Also enthält A alle Ausgänge, sodass die Summe der beiden gewürfelten Augen fünf ergibt. Diese können wir wie folgt aufzählen:

$$\begin{aligned} A &= \{(1,4),(2,3),(3,2),(4,1)\} \\ |A| &= 4 \end{aligned}$$

Damit erhalten wir nach oben aufgestellter Regel die Wahrscheinlichkeit durch

$$\mathbb{P}(A) = \frac{|A|}{|\Omega|} = \frac{4}{36} = \frac{1}{9}.$$

Beispiel: Laplace'scher Wahrscheinlichkeitsraum (2)
Als weiteres Beispiel betrachten wir das sechsfache Werfen einer fairen Münze. Uns interessiert die Wahrscheinlichkeit, genau einmal Kopf zu erhalten. Zur einfacheren Lesbarkeit kodieren wir den Ausgang Kopf mit 1 und Zahl mit 0. Damit gilt:

$$\begin{aligned} \Omega &= \{(\omega_1,\omega_2,\omega_3,\omega_4,\omega_5,\omega_6) \mid \omega_i \in \{0,1\},\ i = 1,\dots,6\} \\ |\Omega| &= 2\cdot 2\cdot 2\cdot 2\cdot 2\cdot 2 = 64 \end{aligned}$$

Die Anzahl von Ω basiert dabei erneut auf der Anzahl des Kreuzprodukts, denn wir können ebenso

$$\Omega = \{0,1\}^6 = \{0,1\} \times \{0,1\} \times \{0,1\} \times \{0,1\} \times \{0,1\} \times \{0,1\}$$

schreiben.

Die günstigen Ausgänge zählen wir durch direktes Aufschreiben mit

$$\begin{aligned} A &= \{(1,0,0,0,0,0),(0,1,0,0,0,0),(0,0,1,0,0,0),(0,0,0,1,0,0),(0,0,0,0,1,0),(0,0,0,0,0,1)\} \\ |A| &= 6 \end{aligned}$$

und erhalten die Wahrscheinlichkeit für das Ereignis durch

$$\mathbb{P}(A) = \frac{|A|}{|\Omega|} = \frac{6}{64} = \frac{3}{32}.$$

Beispiel: Laplace'scher Wahrscheinlichkeitsraum (3)
Als letztes Beispiel betrachten wir ein klassisches Urnenmodell. Wir nehmen an, dass in einer Urne neun Kugeln enthalten sind. Davon sind zwei rot, drei grün und vier blau. Wir ziehen mit Zurücklegen und interessieren uns für die Wahrscheinlichkeit, dass wir zweimal in Folge eine grüne Kugel ziehen. Bei der Modellierung mittels des Laplace'schen Wahrscheinlichkeitsraums müssen wir beachten, dass jedem Elementarereignis die gleiche Wahrscheinlichkeit zugeordnet wird. Daher gehen wir in diesem Fall von einer Unterscheidung der Kugeln aus und definieren den Stichprobenraum durch

$$\Omega = \{(\omega_1,\omega_2) \mid \omega_i \in U\}.$$

Dabei ist U die Menge der Kugeln der Urne und wir schreiben

$$U = \{r_1, r_2, g_1, g_2, g_3, b_1, b_2, b_3, b_4\}$$

mit r für rot, g für grün und b für blau. Die Anzahl aller Möglichkeiten ergibt sich durch die Überlegung $\Omega = U^2 = U \times U$ und somit

$$|\Omega| = |U| \cdot |U| = 9 \cdot 9 = 81.$$

Die Anzahl an günstigen Möglichkeiten erhalten wir als Ereignis A durch die Menge

$$\begin{aligned} A &= \{(\omega_i, \omega_j) \mid \omega_i, \omega_j \in \{g_1, g_2, g_3\}\} \\ &= \{(g_1, g_1), (g_1, g_2), (g_1, g_3), (g_2, g_1), (g_2, g_2), (g_2, g_3), (g_3, g_1), (g_3, g_2), (g_3, g_3)\}. \end{aligned}$$

Insgesamt gilt daher

$$\mathbb{P}(A) = \frac{|A|}{|\Omega|} = \frac{9}{81} = \frac{1}{9}.$$

2.2 Kombinatorik

Wie wir zu Beginn des Kapitels gesehen haben, ist es zur Bestimmung der Wahrscheinlichkeit im Laplace'schen Wahrscheinlichkeitsraum essentiell, die Anzahl der Elemente der Ereignisse und Stichprobenräume zu zählen, um daraus die Wahrscheinlichkeit berechnen zu können. Dabei hat sich in der Stochastik herausgestellt, dass sich verschiedene Modelle beziehungsweise Muster häufig wiederholen und sie daher eigene Bezeichnungen und Formeln zugewiesen bekommen haben. Diese Modelle werden in der sogenannten **Kombinatorik** zusammengefasst.

Überblick

In diesem Abschnitt führen wir sechs Standardfälle ein, die Anzahl an Elementen einer Menge zu zählen. Dabei wählen wir der Übersicht halber stets Ω stellvertretend für die Stichprobenräume. Die folgenden Methoden können ebenso auf Ereignisse A angewandt werden, wenn diese sich in die Klassifikation einreihen lassen.

Abzählverfahren

Die sechs Standardfälle der Kombinatorik sind:

Bezeichnung	**Formel**
Ω ist eine k-Kombination ohne Wiederholung	$\lvert\Omega\rvert = \binom{n}{k}$
Ω ist eine k-Kombination mit Wiederholung	$\lvert\Omega\rvert = \binom{n+k-1}{k}$
Ω ist eine k-Variation ohne Wiederholung	$\lvert\Omega\rvert = k! \cdot \binom{n}{k} = \frac{n!}{(n-k)!}$
Ω ist eine k-Variation mit Wiederholung	$\lvert\Omega\rvert = n^k$
Ω ist eine $(k = n)$ Permutation ohne Wiederholung	$\lvert\Omega\rvert = n!$
Ω ist eine $(k = n)$ Permutation mit Wiederholung	$\lvert\Omega\rvert = \frac{n!}{k_1! \cdot \ldots \cdot k_n!}, \ k_1 + \ldots + k_n = n$

Produktregel

Kugeln ohne Zurücklegen

Kombination ohne Wiederholung

Variation ohne Wiederholung

Übersicht (1)

Übersicht (2)

Permutation ohne Wiederholung

Variation und Kombination mit Wiederholung

Variation, Kombination und Permutation (1)

Variation, Kombination und Permutation (2)

Im Nachgang erläutern wir die oben aufgeführten Begriffe und Formeln. Der gegebene Sachverhalt ist stets ein Ziehen oder Auswählen mehrerer, hier k, Elemente aus einer gegebenen Menge mit n Elementen. Dabei wird unterschieden, ob es sich um ein Experiment mit oder ohne Wiederholung handelt. Das mehrmalige Werfen eines Würfels ist beispielsweise ein Experiment mit Wiederholung, da die möglichen Ergebnisse bei jedem Wurf unverändert wieder eintreten können. Betrachten wir das Ziehen der Lottozahlen, so handelt es sich um ein Experiment ohne Wiederholung, da eine bereits gezogene Zahl nicht erneut gezogen werden kann.

Der Unterschied zwischen einer Kombination und einer Variation/Permutation liegt dabei in der Bedeutsamkeit der Reihenfolge. Kommt es bei den möglichen Ausgängen nicht auf die Reihenfolge an, so sprechen wir von einer Kombination. Spielt die Reihenfolge jedoch eine Rolle, so sprechen wir von einer Variation beziehungsweise einer Permutation. Letztere unterscheiden sich inhaltlich bei der Variante mit Wiederholung. Eine Permutation mit Wiederholung liegt zugrunde, wenn jedes Element der Menge Ω angeordnet wird. Bei einer Variation werden k Elemente aus einer Menge mit n Elementen ausgewählt. Mit dem Entscheidungsbaum auf der nächsten Seite können wir trainieren, die richtige Gegebenheit zu erkennen.

Beispiel: Kombinatorik (1)
Sei eine Urne mit drei blauen, zwei roten und fünf schwarzen Kugeln gegeben. Wie viele Möglichkeiten gibt es diese zehn Kugeln anzuordnen?

Dies ist das klassische Beispiel einer Permutation, da keine Auswahl stattfindet. Es werden alle Kugeln gezogen und angeordnet ($k = n$). Aufgrund der mehrfach vorkommenden Kugeln kann eine Wiederholung in den einzelnen Farben stattfinden, somit liegt eine Permutation mit Wiederholung vor. Entsprechend der Formeln folgt

$$|\Omega| = \frac{\text{Anzahl aller Kugeln!}}{\text{Anzahl der blauen Kugeln!} \cdot \text{Anzahl der roten Kugeln!} \cdot \text{Anzahl der schwarzen Kugeln!}}$$

$$= \frac{10!}{3! \cdot 2! \cdot 5!} = 2520.$$

Beispiel: Kombinatorik (2)
Betrachten wir nun den Fall, dass wir jeweils eine blaue, rote, grüne, gelbe, schwarze und weiße Kugel haben und die Anzahl an Möglichkeiten herausfinden möchten, diese sechs Kugeln anzuordnen. Da wir erneut alle Kugeln anordnen, liegt keine Auswahl vor und wir befinden uns im Konzept der Permutation. Da keine Wiederholung möglich ist, erhalten wir die Möglichkeiten durch

$$|\Omega| = \text{Anzahl der Kugeln!} = 6! = 720.$$

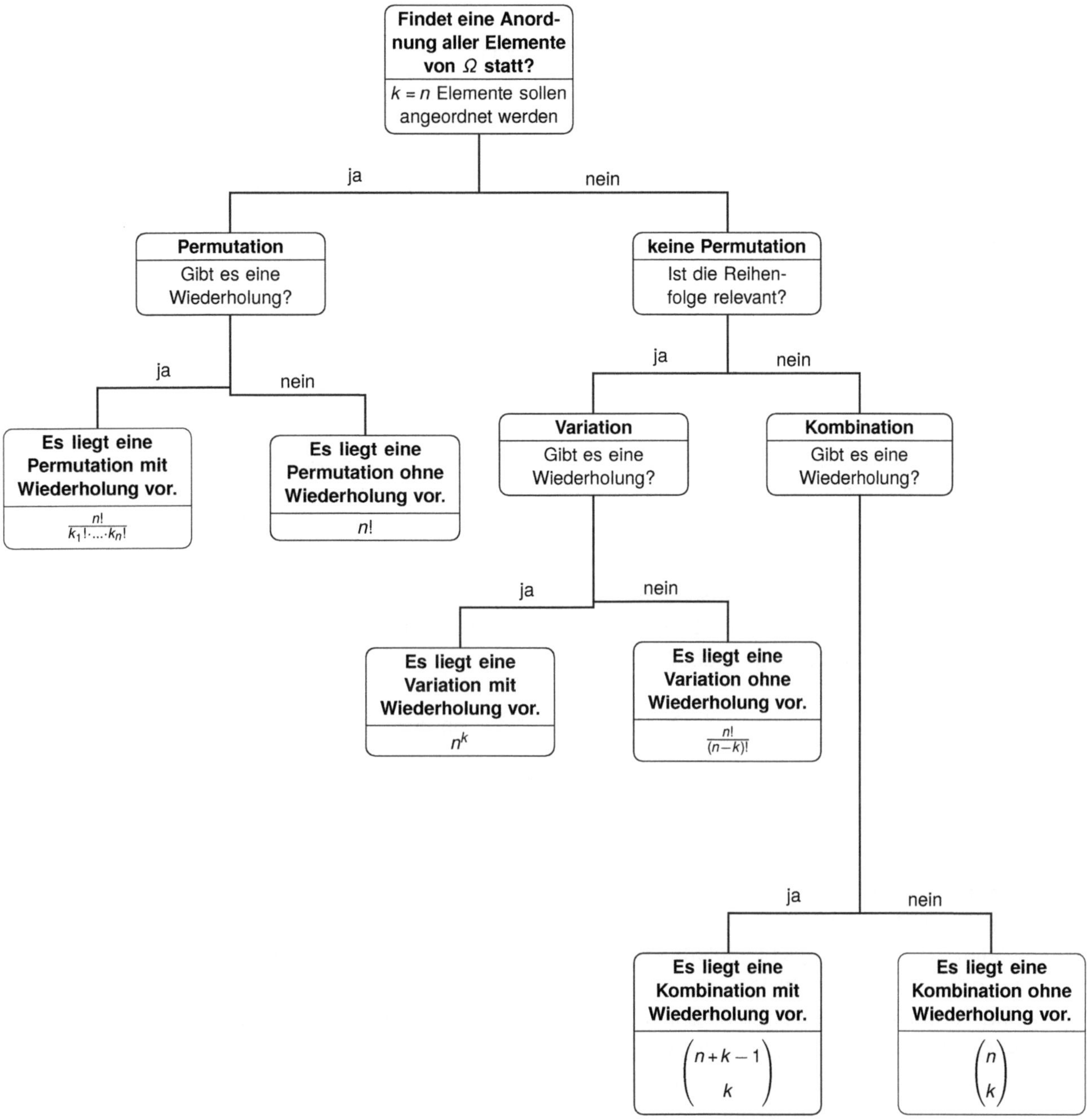

Beispiel: Kombinatorik (3)

In einem älteren Gesellschaftsspiel namens Mastermind musste von acht Farben eine Viererkombination in der richtigen Reihenfolge gefunden werden, um das Spiel zu gewinnen. Dabei durfte jede Farbe nur einmal auftauchen. Im Folgenden berechnen wir die Anzahl der Möglichkeiten, eine solche Auswahl von vier Farben zu treffen. Zunächst stellen wir fest, dass es sich erstmalig um eine echte Auswahl handelt, da wir von acht möglichen Farben nur vier auswählen. Dementsprechend liegt nun entweder eine Kombination oder eine Variation vor. Da bei diesem Spiel ebenfalls die Reihenfolge entscheidend ist, handelt es sich um eine Variation mit $k = 4 < 8 = n$. Da jede der Farben nur einfach auftreten darf, liegt keine Wiederholung vor und wir erhalten

$$|\Omega| = \frac{\text{Anzahl aller Farben!}}{\text{Anzahl der übrigen Farben!}} = \frac{8!}{4!} = 1680.$$

Beispiel: Kombinatorik (4)

Variation und Permutation ohne Wiederholung

Kombination ohne Wiederholung

Als weiteres Beispiel betrachten wir die PIN-Codes einer üblichen EC-Karte einer Bank. Das heißt, wir brauchen vier Ziffern zwischen null und neun in der richtigen Reihenfolge, um an unser Konto zu gelangen. Wir sehen, dass erneut eine Auswahl vorliegt, da wir von den vorhandenen zehn Ziffern nur vier auswählen. Da es auf die Reihenfolge ankommt, liegt also eine Variation vor. Da bei einem solchen PIN eine Wiederholung einer Ziffer nicht ausgeschlossen ist, handelt es sich um eine Variation mit Wiederholung mit $k = 4 < 10 = n$. Wir erhalten damit die Anzahl aller möglichen vierstelligen PINs durch

$$|\Omega| = 10^4 = 1000.$$

Beispiel: Kombinatorik (5)

Variation mit Wiederholung

Permutation mit Wiederholung

Betrachten wir die Multiplikation zweier Zahlen zwischen 1 und einschließlich 20. Wie viele unterschiedliche Multiplikationen können auf diese Weise entstehen? Zunächst stellen wir fest, dass wir aus den 20 möglichen Zahlen zwei miteinander multiplizieren. Es findet eine echte Auswahl statt und wir haben keine Permutation. Durch das Kommutativgesetz ist $a \cdot b = b \cdot a$ und die Reihenfolge der Zahlen irrelevant, sodass eine Kombination vorliegt. Bei der Multiplikation ist es zudem zulässig, eine Zahl mit sich selbst zu multiplizieren, sodass eine Kombination mit Wiederholung mit $k = 2 < 20 = n$ das richtige Modell liefert. Es folgt

$$|\Omega| = \binom{20+2-1}{2} = \binom{21}{2} = \frac{20 \cdot 21}{2} = 210.$$

Beispiel: Kombinatorik (6)

Kombination ohne Wiederholung

Als letztes betrachten wir einen Lehrer, der für ein Referat drei seiner 29 SchülerInnen auswählen möchte. Wie viele mögliche Referatsgruppen kann der Lehrer bilden? Erneut sehen wir, dass eine echte Auswahl stattfindet, da wir drei der 29 SchülerInnen anordnen möchten, wir haben keine Permutation. Zusätzlich erkennen wir, dass die Reihenfolge irrelevant ist, da am Ende nur die Konstellation der Gruppe entscheidend ist und nicht die Reihenfolge, in der der Lehrer sie ausgewählt hat. Es liegt eine Kombination vor. Zuletzt kann der Lehrer für eine Gruppe von drei SchülerInnen nicht einen Schüler mehrfach aufstellen, sodass wir im Fall der Kombination ohne Wiederholung mit $k = 3 < 29 = n$ sind. Es folgt

$$|\Omega| = \binom{29}{3} = \frac{27 \cdot 28 \cdot 29}{2 \cdot 3} = 3654.$$

Im Folgenden betrachten wir zwei weitere Beispiele, bei denen wir nicht nur die Anzahl der Stichprobenräume zählen möchten, sondern die Wahrscheinlichkeit eines Experiments bestimmen.

Beispiel: Kombinatorik und Wahrscheinlichkeit
Wir betrachten ein Schachbrett mit 8×8 Feldern, bestehend aus acht Zeilen, die von 1 bis 8 nummeriert sind sowie acht Spalten, die von A bis H nummeriert sind. Nun stellen wir völlig zufällig acht Türme (diese können waagerecht und senkrecht ziehen und schlagen) auf das Brett. Wie groß ist die Wahrscheinlichkeit, dass keiner der Türme einen anderen Turm schlagen kann?

Variation mit Wiederholung

Da das Besetzen jedes Felds gleich wahrscheinlich ist, liegt ein Experiment im Laplace'schen Wahrscheinlichkeitsraum vor. Wir definieren auf der einen Seite Ω als Stichprobenraum, der alle möglichen Konstellationen der acht Türme berücksichtigt (Anzahl aller Möglichkeiten) und bezeichnen mit der Menge A das Ereignis, dass wir acht Türme platziert haben, sodass kein Turm einen anderen schlagen kann (Anzahl der günstigen Möglichkeiten).

Für die Anzahl der Elemente von Ω überlegen wir, dass es sich um eine Kombination handelt, da wir nur 8 von 64 Feldern belegen und keinen Wert auf die Reihenfolge legen. Insbesondere dürfen wir ein Feld nicht zweimal auswählen, sodass wir Ω als Kombination ohne Wiederholung modellieren. Dies führt zu

$$|\Omega| = \binom{64}{8} = \frac{64!}{8! \cdot (64-8)!} = \frac{64!}{8! \cdot 56!} = \frac{57 \cdot 58 \cdot \ldots \cdot 63 \cdot 64}{8!}.$$

Für das Ereignis A stellen wir folgende Überlegung an:

Da Türme waagerecht und senkrecht ziehen und schlagen dürfen, kann in jeder Zeile nur genau ein Turm stehen, da wir auf acht Zeilen acht Türme verteilen. Ebenso stehen uns lediglich acht Spalten für acht Türme zur Verfügung. Wir können daher jede Aufstellung der Türme als Folge von Spaltenbezeichnungen notieren. Beispielsweise $\omega = (A, B, ..., H)$ bedeutet, dass der Turm in der ersten Zeile in Spalte A steht, der Turm in der zweiten Zeile in Spalte B usw. Die Anzahl an diesen Tupeln mit acht Stellen und acht Möglichkeiten spiegelt eine Permutation ohne Wiederholung wider. Wir erhalten daher

$$|A| = 8!.$$

Damit erhalten wir insgesamt die Wahrscheinlichkeit

$$\mathbb{P}(A) = \frac{|A|}{|\Omega|} = \frac{8!}{\frac{64!}{8! \cdot 56!}} = \frac{(8!)^2}{57 \cdot 58 \cdot \ldots \cdot 63 \cdot 64}.$$

Im Anschluss notieren wir einen weiteren Satz, der bei der Bestimmung der Wahrscheinlichkeit angewendet werden kann. Dieser ist nicht auf den Laplace'schen Wahrscheinlichkeitsraum beschränkt, findet hier jedoch viele Anwendungsbeispiele: Die Siebformel.

Die Siebformel oder Der Satz von Sylvester und Poincaré
Sei $(\Omega, \mathscr{A}, \mathbb{P})$ ein Wahrscheinlichkeitsraum und $A_1, A_2, ..., A_n \in \mathscr{A}$ Ereignisse. Dann berechnen wir die Wahrscheinlichkeit, dass mindestens eines der Ereignisse $A_1, A_2, ..., A_n$ eintritt durch

$$\mathbb{P}\left(\bigcup_{k=1}^{n} A_k\right) = \sum_{k=1}^{n} (-1)^{k-1} \cdot \sum_{\substack{J \subseteq \{1,\ldots,n\} \\ |J|=k}} \mathbb{P}\left(\bigcap_{j \in J} A_j\right)$$

Die zweite Summe

$$\sum_{\substack{J \subseteq \{1,\ldots,n\} \\ |J|=k}}$$

in der Siebformel ist dabei wie folgt zu verstehen:
Wir summieren über den Summationsindex k und alle Mengen J. Dabei wählen wir für J sukzessive jede Teilmenge von $\{1, ..., n\}$ mit genau k Elementen. Gehen wir zum besseren Verständnis für $n = 2$ und $n = 3$ ins Detail:

$\underline{n = 2:}$
Betrachten wir als erstes lediglich das zweite Summenzeichen. Für $k = 0$ erhalten wir nur die leere Menge J, welche uns keine echt positive Wahrscheinlichkeit liefert. Für $k = 1$ benötigen wir alle Teilmengen von $\{1, 2\}$, die $k = 1$ Elemente besitzen. Das sind in diesem Fall die Mengen $\{1\}$ und $\{2\}$.

Für $J = \{1\}$ erhalten wir den Summanden

$$(-1)^{1-1} \cdot \mathbb{P}(A_1) = \mathbb{P}(A)$$

und für $J = \{2\}$ den Summanden

$$(-1)^{1-1} \cdot \mathbb{P}(A_2) = \mathbb{P}(B).$$

Damit sind wir alle Mengen mit $k = 1$ Elementen durchgegangen und betrachten im Anschluss $k = 2$. Da $n = 2$ gilt, können wir nur $J = \{1, 2\}$ wählen und erhalten den Summanden

$$(-1)^{2-1} \cdot \mathbb{P}(A_1 \cap A_2) = \mathbb{P}(A \cap B).$$

Insgesamt ergibt sich

$$\mathbb{P}(A \cup A) = \mathbb{P}(A) + \mathbb{P}(B) - \mathbb{P}(A \cap B).$$

$\underline{n = 3:}$
Führen wir das Prozedere erneut für $n = 3$ durch. Zunächst starten wir mit $k = 0$ und erhalten erneut die leere Menge ohne Mehrwert. Für $k = 1$ kommen die drei Mengen $J = \{1\}$, $J = \{2\}$ und $J = \{3\}$ in Frage. Schreiben wir der Übersicht halber $A_1 = A$, $A_2 = B$ und $A_3 = C$, erhalten wir die drei Summanden $\mathbb{P}(A)$, $\mathbb{P}(B)$ und $\mathbb{P}(C)$. Für $k = 2$ können wir in diesem Beispiel bereits drei Mengen wählen: $J = \{1, 2\}$, $J = \{1, 3\}$ und $J = \{2, 3\}$. Dies führt zu den drei Summanden $-\mathbb{P}(A \cap B)$, $-\mathbb{P}(A \cap C)$ und $-\mathbb{P}(B \cap C)$. Letztlich bleibt für $k = 3$ die Menge $J = \{1, 2, 3\}$ und wir bestimmen den Summanden $\mathbb{P}(A \cap B \cap C)$. Dies führt zu der Regel

$$\mathbb{P}(A \cup B \cup C) = \mathbb{P}(A) + \mathbb{P}(B) + \mathbb{P}(C) - \mathbb{P}(A \cap B) - \mathbb{P}(A \cap C) - \mathbb{P}(B \cap C) + \mathbb{P}(A \cap B \cap C).$$

Im Spezialfall $\mathbb{P} = \mathscr{L}_\Omega$ und $\mathbb{P}(A) = \frac{|A|}{|\Omega|}$ können wir beide Seiten der Gleichung mit $|\Omega|$ multiplizieren und erhalten (beispielsweise im Fall $n = 3$):

$$|A \cup B \cup C| = |A| + |B| + |C| - |A \cap B| - |A \cap C| - |B \cap C| + |A \cap B \cap C|.$$

Beispiel: Siebformel (1)
Standardbeispiele für die Siebformel sind Angaben von Schnittmengen und Eigenschaften und der Frage nach einer Eigenschaft oder einer speziellen Menge. Mit Hilfe der Siebformel lässt sich das Problem nach der gesuchten Größe umstellen. Betrachten wir dazu folgendes Beispiel:

Auf einer Hausparty befinden sich 26 Lehramtsstudierende. Jeder Partygast studiert dabei entweder Mathematik, Englisch oder Geschichte in irgendeiner Kombination (sowohl ein Fach als auch drei Fächer seien erlaubt). Insgesamt gaben 9 der Studierende an, Mathematik auf Lehramt zu studieren. 13 studieren Englisch und 15 Geschichte. Zudem wissen wir, dass 4 der Studierenden Mathe und Englisch als Fächer gewählt haben sowie 2 studieren Mathematik und Geschichte. Tatsächlich gab einer an, dass er alle drei Fächer studiert.

Wie viele Partygäste studieren Englisch und Geschichte aber nicht Mathematik?

Die Anzahl der Studierenden, die mindestens eines der Fächer Mathematik (M), Geschichte (G) oder Englisch (E) studieren, ist gleich der Gesamtanzahl der Partygäste, daher gilt

$$|M \cup E \cup G| = 26.$$

Ebenso können wir die Vereinigung durch die Siebformel durch die Schnitte ausdrücken:

$$|M \cup E \cup G| = |M| + |E| + |G| - |M \cap E| - |M \cap G| - |E \cap G| + |M \cup E \cup G|$$

Im Folgenden setzen wir für alle auftretenden Größen die Zahlen aus der Aufgabenstellung ein. Es gilt:

$$\begin{aligned}
|M| &= 9 \\
|E| &= 13 \\
|G| &= 15 \\
|M \cap E| &= 4 \\
|M \cap G| &= 2 \\
|M \cap G \cap E| &= 1
\end{aligned}$$

Wir setzen $|G \cap E| = x + 1$. Dabei wählen wir explizit $+1$, da eine Person alle drei Fächer studiert und somit auch Englisch und Geschichte. Da wir an der Anzahl der Personen interessiert sind, die Englisch und Geschichte aber nicht Mathematik studieren, müssen wir diesen wieder herausrechnen. Insgesamt erhalten wir

$$26 = 9 + 13 + 15 - 4 - 2 - (x + 1) + 1 \quad \Leftrightarrow \quad 26 = 31 - x \quad \Leftrightarrow \quad x = 5.$$

Es studieren also genau 5 der Partygäste Englisch und Geschichte auf Lehramt.

Beispiel: Siebformel (2)

Betrachten wir im Folgenden dieses komplexere Beispiel. Auf besagter Hausparty schrieb jeder Teilnehmer seine Handynummer auf einen Zettel. Anschließend wurden alle Zettel vom Veranstalter gesammelt, gemischt und zufällig wieder an alle Gäste verteilt. Wie groß ist die Wahrscheinlichkeit, dass mindestens einer der Teilnehmer die eigene Handynummer gezogen hat?

Zunächst modellieren wir unser Experiment und übersetzen es in Mathematik. Wir weisen dabei fiktiv jedem Gast eine Nummer zu. Das heißt, wir sprechen im Folgendem von Person 1, Person 2 usw. und definieren das Ergebnis

$$\omega = (\omega_1, \omega_2, ..., \omega_{26}\} \in \Omega,$$

sodass ω_1 an erster Stelle bedeutet, dass Person 1 die Handynummer von Person ω_1 erhalten hat, ω_2 an zweiter Stelle, dass Person 2 die Handynummer von Person ω_2 erhalten hat, usw. Es gilt also $\omega_i \in \{1, 2, ..., 26\}$ für $i \in \{1, 2, ..., 26\}$.

Insbesondere erkennen wir, dass wir, um alle möglichen Tupel zu erhalten, jeweils allen 26 eine der 26 Nummern zuordnen müssen. Es handelt sich bei Ω daher um eine Permutation ohne Wiederholung (wir können eine Nummer nur einmal zuordnen) und es gilt

$$|\Omega| = 26!.$$

Das gesuchte Ereignis definieren wir durch

$$A = \{\omega = (\omega_1, ..., \omega_{26}) \in \Omega \mid \omega_j = j \text{ für mindestens ein } j \in \{1, ..., 26\}\}.$$

Im nächsten Schritt beschreiben wir A durch einzelne Ereignisse A_J, da wir im Anschluss die Siebformel benutzen möchten. Wir definieren für $J \subseteq \{1, ..., 26\}$ die Mengen

$$A_J = \{\omega = (\omega_1, ..., \omega_{26}) \in \Omega \mid \omega_j = j \; \forall j \in J\}.$$

A_J beschreibt das Ereignis, dass bestimmte j Personen ihre Handynummer zurückbekommen. Um die Wahrscheinlichkeit von A_J zu bestimmen, müssen wir die Elemente von A_J zählen. Da im Tupel ω bereits $|J|$ Stellen fest vorgegeben sind ($w_j = j$), ist dort keine Variabilität mehr vorhanden. Es bleiben lediglich die restlichen $26-j$ Stellen, auf die wir $26-j$ Nummern verteilen, denn es sind ebenso j Nummern bereits vergeben worden. Dies führt dazu, dass es sich bei A_J ebenfalls um eine Permutation handelt, jedoch mit $26-|J|$ Elementen und es gilt

$$|A_J| = (26-|J|)! \Rightarrow \mathbb{P}(A_J) = \frac{|A_J|}{|\Omega|} = \frac{(26-|J|)!}{26!}.$$

Iterieren wir über alle Mengen $J = \{j\}$, erhalten wir das Ereignis A. Somit gilt nach der Siebformel

$$\begin{aligned}
\mathbb{P}(A) = \mathbb{P}\left(\bigcup_{j=1}^{n} A_{\{j\}}\right) &= \sum_{k=1}^{26}(-1)^{k-1} \cdot \sum_{\substack{J\subseteq\{1,...,26\}\\|J|=k}} \mathbb{P}\left(\bigcap_{j\in J} A_{\{j\}}\right) = \sum_{k=1}^{26}(-1)^{k-1} \cdot \sum_{\substack{J\subseteq\{1,...,26\}\\|J|=k}} \mathbb{P}(A_J)\\
&= \sum_{k=1}^{26}(-1)^{k-1} \cdot \sum_{\substack{J\subseteq\{1,...,26\}\\|J|=k}} \frac{(26-k)!}{26!} = \sum_{k=1}^{26}(-1)^{k-1} \cdot \binom{26}{k} \cdot \frac{(26-k)!}{26!}\\
&= \sum_{k=1}^{26}(-1)^{k-1} \cdot \frac{26!}{(26-k)! \cdot k!} \cdot \frac{(26-k)!}{26!} = \sum_{k=1}^{26}(-1)^{k-1} \cdot \frac{1}{k!}\\
&\approx 0{,}6321\\
&= 63{,}21\%.
\end{aligned}$$

2.3 Aufgaben

Aufgabe 9: (Level:)

Sei $\Omega = \{1, 2, 3, 4\}$ ein Stichprobenraum und $A_1 = \{a, b, c\}$ sowie $A_2 = \{b, c, d\}$ zwei Ereignisse. Sei weiter $\mathbb{P}(A_1) = 0{,}3$ und $\mathbb{P}(A_2) = 0{,}7$. Berechne die Wahrscheinlichkeit des Ereignisses $A_3 = \{b, c\}$.

Lösungen

Aufgabe 10: (Level:)

Bestimme die Wahrscheinlichkeit der folgenden Experimente.

a) Wir werfen eine faire Münze zweimal. Wie groß ist die Wahrscheinlichkeit, dass zweimal Kopf geworfen wird?

b) Bei einem Glücksrad gibt es zehn Felder, die jeweils gleich groß und mit den Ziffern 1 bis 10 versehen sind. Wie groß ist die Wahrscheinlichkeit, eine Primzahl zu drehen?

Aufgabe 11: (Level:)

Bestimme die Wahrscheinlichkeit der folgenden Experimente.

a) Wir werfen zwei faire sechsseitige Würfel. Wie groß ist die Wahrscheinlichkeit, dass das Produkt größer als 10 ist?

b) Wir werfen einen Würfel mit sechs Seiten und einen mit zehn Seiten. Wie groß ist die Wahrscheinlichkeit, dass die Augenzahl des sechsseitigen Würfels größer als die Augenzahl des zehnseitigen Würfels ist?

c) Wir ziehen zufällig drei Buchstaben aus dem Alphabet $A - Z$ und bilden daraus ein Wort in der Reihenfolge, wie wir die Buchstaben gezogen haben. Wie groß ist die Wahrscheinlichkeit, dass wir ein Wort erhalten, das nur aus Vokalen besteht?

Aufgabe 12: (Level:)

Bestimme die Wahrscheinlichkeit der folgenden Experimente.

a) Wir wählen n Kartenspiele und suchen alle Asse heraus. Anschließend unterschreiben wir zufällig zwei Asse mit unserem Namen, mischen den Stapel Asse und teilen ihn an zwei Freunde aus, sodass jeder Freund gleich viele Asse erhält. Wie groß ist die Wahrscheinlichkeit, dass ein Freund beide unterschriebenen Karten in der Hand hält?

b) Wir werfen drei faire Würfel. Wie groß ist die Wahrscheinlichkeit, dass wir eine Augenzahl durch Summe oder Produkt der anderen beiden darstellen können?

Aufgabe 13: (Level:)

Bestimme die Anzahl der Menge Ω im Falle einer

a) 5-Kombination ohne Wiederholung mit $n = 7$

b) 3-Variation ohne Wiederholung mit $n = 12$

c) 7-Kombination mit Wiederholung mit $n = 9$

d) 6-Permutation mit Wiederholung.

Aufgabe 14: (Level: ✦✦)
Berechne die Anzahl der Möglichkeiten für folgende Experimente.

a) Wir ziehen aus einem Skatblatt drei Karten mit Zurücklegen. Wie viele Möglichkeiten gibt es, dass sich zwei Bilder (Bube, Dame, König, Ass) darunter befinden?

b) Wir werfen einen Würfel insgesamt dreimal. Wie viele Möglichkeiten gibt es, dass genau zweimal die Zahl 6 gewürfelt wird?

c) An einer Klausur nehmen 20 Studierende teil. Die besten beiden Ergebnisse erhalten Auszeichnungen der Universität. Der erste Platz erhält ein Stipendium, während der zweite Platz einen Geldpreis erhält. Wie viele verschiedene Konstellationen sind möglich?

d) Bei einem 100m Lauf gehen acht TeilnehmerInnen an den Start. Wie viele Möglichkeiten der Platzierung gibt es?

e) Wir werfen einen Würfel und werfen so lange, bis wir jede Augenzahl einmal gewürfelt haben. Jedes Mal, wenn eine Augenzahl zum ersten Mal geworfen wird, notieren wir uns diese an der entsprechenden Stelle und erhalten eine sechs-stellige Zahl. Beispielsweise könnte ein Durchgang folgendermaßen aussehen: (1, 2, 1, 3, 4, 2, 1, 1, 6, 2, 3, 5,). Die so erhaltene Zahl wäre 123465. Wie viele verschiedene Zahlen können so entstehen?

f) Wir ziehen eine Losnummer, indem wir einen Würfel fünfmal werfen und die Zahl notieren. Wie viele verschiedene Losnummern können so entstehen?

Aufgabe 15: (Level: ✦✦✦)
Berechne die Anzahl der Möglichkeiten für folgende Experimente.

a) In einem Abiturjahrgang mit 40 Jungen und 50 Mädchen soll ein Partygremium gebildet werden. Wie viele Möglichkeiten gibt es, wenn fünf Mädchen und fünf Jungen im Gremium agieren sollen?

b) In einer Disco können fünf verschiedene Musikrichtungen gespielt werden. Wie viele verschiedene Themenabende kann es geben?

c) Aus einer Freundesgruppe von 8 Personen können nur vier auf ein Konzert gehen und stellen sich später an der Abendkasse an. Wie viele Möglichkeiten gibt es aus den 8 Freunden 4 auszuwählen und an der Kasse anzuordnen?

Aufgabe 16: (Level: ✦✦✦)
Für ein $n \in \mathbb{N}$ liegen in einer Urne $2n$ Kugeln, auf denen jeweils eine Nummer von 1 bis $2n$ notiert ist. Die Kugeln mit einer geraden Zahl sind rot und die Kugeln mit einer ungeraden Zahl sind blau. Wir ziehen zufällig $k \leq n$ Kugeln ohne Zurücklegen. Berechne die folgenden Wahrscheinlichkeiten.

a) Alle Kugeln sind rot oder alle Kugeln sind blau.

b) Alle Kugeln bilden eine Straße, das heißt, dass sie angeordnet eine Folge von natürlichen Zahlen ohne Lücke bilden.

c) Sei $k = 5$. Wir ziehen einen „Royal Flush“, also, die höchsten fünf Nummern einer Farbe.

Aufgabe 17: (Level:)
Berechne die Wahrscheinlichkeit des Ereignisses $A \cup B \cup C$, wenn folgende Informationen vorhanden sind:

- $\mathbb{P}(A) = \frac{1}{2}$
- $\mathbb{P}(C) = \frac{1}{4}$
- $\mathbb{P}(A^c \cup B^c) = \frac{5}{6}$
- $\mathbb{P}(B^c) = \frac{2}{3}$
- $\mathbb{P}(C^c \cap B) = \frac{1}{4}$
- $\mathbb{P}(A \cap C) = 0$

Aufgabe 18: (Level:)
Bestimme mit Hilfe der Siebformel alle geraden Zahlen zwischen 1 und 1000, die durch 3, 5 oder 7 teilbar sind.

Aufgabe 19: (Level:)
Auf einem Geburtstag unterhalten sich 30 Personen (P.) über die Kuchen, die sie gerne essen. Zur Auswahl stehen Käsekuchen, Schokokuchen, Schwarzwälder Kirschtorte und Streuselkuchen. Insgesamt ergattern wir folgende Informationen:

- 12 P. mögen Käsekuchen
- 14 P. mögen Streuselkuchen
- 19 P. mögen Schwarzwälder Kirschtorte
- 13 P. mögen Schokokuchen
- 7 P. mögen Käse- und Streuselkuchen
- 3 P. mögen Streuselkuchen und keinen Schokokuchen
- 9 P. mögen Schwarzwälder Kirschtorte und keinen Streuselkuchen
- 6 P. mögen Käsekuchen und Schwarzwälder Kirschtorte
- 8 P. mögen Schwarzwälder Kirschtorte und Schokokuchen
- 6 P. mögen Schoko- und Käsekuchen
- 2 P. mögen Käse- und Streuselkuchen
- 2 P. mögen Käse-, Schoko- und Streuselkuchen
- 4 P. mögen Schwarzwälder Kirschtorte, Käse- und Streuselkuchen
- 2 P. mögen Schwarzwälder Kirschtorte, Schoko- und Streuselkuchen
- 4 P. mögen Schwarzwälder Kirschtorte, Schoko- und keinen Käsekuchen
- 2 P. mögen alle Kuchen

Berechne die folgenden Wahrscheinlichkeiten:

a) Wie viele Personen mögen keine Schwarzwälder Kirschtorte?

b) Wie viele Personen mögen Käsekuchen oder Schwarzwälder Kirschtorte?

c) Wie gross ist die Wahrscheinlichkeit, dass eine zufällig gefragte Person Streusel-, aber keinen Schokokuchen mag?

Notizen

3 Die Zufallsvariable

3.1 Definition von Zufallsvariablen

Oft ist man an den Ausgängen komplexerer Experimente in der realen Welt interessiert. Diese Komplexität wird in der Wahrscheinlichkeitstheorie mit den sogenannten Zufallsvariablen modelliert, welche zunächst eine Abbildung des Ergebnisraums in einen Messraum vornehmen.
Wir definieren:

Zufallsgröße (1)

Zufallsgröße (2)

Sei $(\Omega, \mathscr{A}, \mathbb{P})$ ein Wahrscheinlichkeitsraum und $(\Omega', \mathscr{A}')$ ein Messraum. Eine Abbildung

$$\begin{aligned} X : \Omega &\to \Omega' \\ \omega &\mapsto X(\omega) \end{aligned}$$

heißt $\mathscr{A} - \mathscr{A}'$–**Zufallsvariable**, wenn für alle $A' \in (A')$ die Eigenschaft

$$X^{-1}(A') \in \mathscr{A}.$$

Wir schreiben für Zufallsvariable abkürzend **ZV** und mathematisch

$$X : (\Omega, \mathscr{A}) \to (\Omega', \mathscr{A}').$$

Ist $\Omega' = \mathbb{R}$ und $\mathscr{A}' = \mathscr{B}(\mathbb{R})$, so sprechen wir von einer **reellen Zufallsvariable**.

Im Folgenden halten wir erste Eigenschaften für Zufallsvariablen fest. Es gilt:

1. Sind X und Y reelle Zufallsvariablen, so sind auch $X + Y$ und $X - Y$ reelle Zufallsvariablen.
2. Sind X und Y reelle Zufallsvariablen, so sind auch $\min(X, Y)$ und $\max(X, Y)$ reelle Zufallsvariablen.
3. Seien $X : (\Omega, \mathscr{A}) \to (\Omega', \mathscr{A}')$ und $Y : (\Omega', \mathscr{A}') \to (\Omega'', \mathscr{A}'')$ Zufallsvariablen, so ist auch
$$X \circ Y = Y(X)$$
eine Zufallsvariable mit
$$X \circ Y : (\Omega, \mathscr{A}) \to (\Omega'', \mathscr{A}'').$$
4. Ist X eine reelle Zufallsvariable und f eine messbare reelle Abbildung, so ist $f(X)$ ebenfalls eine Zufallsvariable.

3.2 Diskrete Zufallsvariablen

3.2.1 Grundlagen

diskret vs. stetig (1)

In diesem Kapitel beschäftigen wir uns ausführlicher mit diskreten Zufallsexperimenten oder auch diskreten Zufallsvariablen sowie deren Verteilungen, Eigenschaften und Maßzahlen. Zur besseren Verständlichkeit sprechen wir im Folgenden stets nur von diskreten Zufallsvariablen.

> Sei $(\Omega, \mathscr{A}, \mathbb{P})$ ein diskreter Wahrscheinlichkeitsraum, so bezeichnen wir $X : \Omega \to \mathbb{R}$ als **diskrete Zufallsvariable**. X nimmt somit nur endlich oder abzählbar unendlich viele Werte an.

In vorigen Abschnitten haben wir bereits Beispiele von diskreten Zufallsvariablen kennengelernt. Beispielsweise der Würfelwurf eines fairen Würfels, die Summe der Augen beim Wurf mit zwei Würfeln oder das Werfen einer Münze. Charakteristisch für diskrete Zufallsvariablen ist das Vorhandensein von „Lücken“, das heißt, es gibt zwischen den Realisationen der Ausgänge weitere reelle Zahlen, die nicht getroffen werden. Beispielsweise sind folgende Experimente diskret:

- Wurf eines unfairen Würfels
- (Mehrfaches) Ziehen aus einer Urne mit $n \in \mathbb{N}$ Kugeln
- Anzahl an Fehltagen innerhalb eines Jahres in ganzen Tagen
- Anzahl der Herzschläge der Menschheit in ganzen Schlägen

Letzteres ist ein Beispiel für abzählbar unendlich viele mögliche Ausgänge. Unsere Gesamtergebnismenge Ω entspricht in diesem Fall den natürlichen Zahlen $\mathbb{N}$.

3.2.2 Zähldichte

Im diskreten Fall haben wir Wahrscheinlichkeiten stets an einzelnen isolierten Punkten gegeben. Daher führen wir für diese Wahrscheinlichkeiten nun eine Funktion ein:

> Eine Funktion $f : \Omega \to [0,1]$ heißt **Zähldichte** oder **diskrete Wahrscheinlichkeitsfunktion**, wenn gilt:
>
> *i)* $0 \leq f(x_k) \leq 1$, für alle $x_k \in \Omega$
>
> *ii)* $\sum_{x_k \in \Omega} f(x_k) = 1$

Zähldichte und Verteilungsfunktion

Wir erhalten die Zähldichte durch das von der Zufallsvariablen X induzierte Wahrscheinlichkeitsmaß $\mathbb{P}_X$ mit

$$\mathbb{P}_X(\{x_k\}) = f(x_k)$$

beziehungsweise durch Interpretation des Wahrscheinlichkeitsmaßes $\mathbb{P}$ in $(\Omega, \mathscr{A}, \mathbb{P})$ durch

$$\mathbb{P}(X = x_k) = f(x_k).$$

Dabei sind in der Regel x_k diejenigen Zahlen, die im Experiment angenommen werden können.

Beispiel: Zähldichte (1)
Betrachten wir als Beispiel die Summe der Augen beim Würfeln zweier fairer Würfel. Somit ist $\mathbb{P} = \mathscr{L}_\Omega$ und wir erkennen, dass Summen kleiner als zwei und größer als zwölf durch zwei Würfel nicht erreicht werden können. Wir modellieren Ω durch

$$\Omega = \{(\omega_1, \omega_2) \mid \omega_i \in \{1, ..., 6\} \text{ für } i \in \{1, 2\}\}$$

und die Zufallsvariable X mit

$$X((\omega_1, \omega_2)) = \omega_1 + \omega_2.$$

Die Zähldichte erhalten wir hier mit $x_k = k$ für alle möglichen Werte des Wahrscheinlichkeitsmaß für $k = \omega_1 + \omega_2 \in \{2, ..., 12\}$ durch

$$\begin{aligned}
\mathbb{P}_X(2) &= \mathbb{P}(X=2) = \frac{|\{(1,1)\}|}{|\Omega|} = \frac{1}{36}\\
\mathbb{P}_X(2) &= \mathbb{P}(X=3) = \frac{|\{(2,1),(1,2)\}|}{|\Omega|} = \frac{2}{36}\\
\mathbb{P}_X(4) &= \mathbb{P}(X=4) = \frac{|\{(1,3),(3,1),(2,2)\}|}{|\Omega|} = \frac{3}{36}\\
\mathbb{P}_X(5) &= \mathbb{P}(X=5) = \frac{|\{(1,4),(2,3),(3,2),(4,1)\}|}{|\Omega|} = \frac{4}{36}\\
\mathbb{P}_X(6) &= \mathbb{P}(X=6) = \frac{|\{(1,5),(2,4),(3,3),(4,2),(5,1)\}|}{|\Omega|} = \frac{5}{36}\\
\mathbb{P}_X(7) &= \mathbb{P}(X=7) = \frac{|\{(1,6),(2,5),(3,4),(4,3),(5,2),(6,1)\}|}{|\Omega|} = \frac{6}{36}\\
\mathbb{P}_X(8) &= \mathbb{P}(X=8) = \frac{|\{(2,6),(3,5),(4,4),(5,3),(6,2)\}|}{|\Omega|} = \frac{5}{36}\\
\mathbb{P}_X(9) &= \mathbb{P}(X=9) = \frac{|\{(3,6),(4,5),(5,4),(6,3)\}|}{|\Omega|} = \frac{4}{36}\\
\mathbb{P}_X(10) &= \mathbb{P}(X=10) = \frac{|\{(4,6),(5,5),(6,4)\}|}{|\Omega|} = \frac{3}{36}\\
\mathbb{P}_X(11) &= \mathbb{P}(X=11) = \frac{|\{(5,6),(6,5)\}|}{|\Omega|} = \frac{2}{36}\\
\mathbb{P}_X(12) &= \mathbb{P}(X=12) = \frac{|\{(6,6)\}|}{|\Omega|} = \frac{1}{36},
\end{aligned}$$

sodass wir kurz folgende Gesetzmäßigkeit notieren können

$$f(k) = \begin{cases} \frac{k-1}{36} & \text{für } 2 \leq k \leq 7 \\ \frac{13-k}{36} & \text{für } 8 \leq k \leq 12 \\ 0 & \textit{sonst} \end{cases} .$$

Ebenfalls erkennen wir, dass beide Bedingungen für Zähldichten erfüllt sind, denn zum einen sind $\frac{k-1}{36}$ und $\frac{13-k}{36}$ in den gegebenen Intervallen jeweils größer als 0 und kleiner als 1 und zum anderen gilt

$$\begin{aligned}
\sum_{x_k \in \Omega} f(x_k) &= \sum_{k=2}^{12} f(k) = \sum_{k=2}^{7} \frac{k-1}{36} + \sum_{k=8}^{12} \frac{13-k}{36}\\
&= \frac{1}{36}\left(\underbrace{(2-1)+(3-1)+...+(7-1)}_{\text{Zähler der ersten Summe}} + \underbrace{(13-8)+...+(13-12)}_{\text{Zähler der zweiten Summe}}\right)\\
&= 1.
\end{aligned}$$

Dabei haben wir ausgenutzt, dass die Zähldichte für $k \leq 1$ und $k > 13$ jeweils 0 ergibt. Der Graph der Wahrscheinlichkeitsfunktion der Summe der Augen zweier Würfel sieht wie folgt aus:

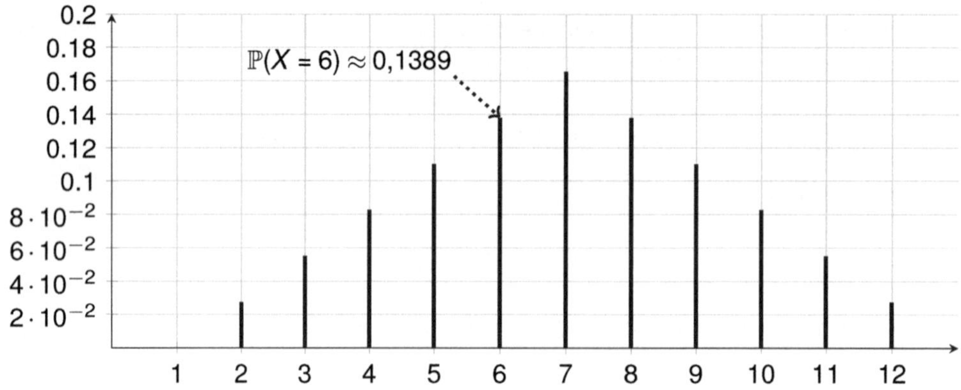

Beispiel: Zähldichte (2)
Als zweites Beispiel betrachten wir einen Würfel mit acht gleichgroßen Seiten. Auf den Seiten stehen die Zahlen 0, 1, 1, 2, 2, 4, 5 und 10. Die Zufallsvariable X sei definiert durch

$$X(\omega) = \omega, \text{ falls } \omega \text{ ungerade und } X(\omega) = \frac{\omega}{2}, \text{ falls } \omega \text{ gerade.}$$

Um die Zähldichte der Zufallsvariablen X aufzustellen, berechnen wir zunächst $X(\omega)$ für alle ω:

$$\begin{aligned} X(0) &= 0 \qquad & X(4) &= 2 \\ X(1) &= 1 \qquad & X(5) &= 5 \\ X(2) &= 1 \qquad & X(10) &= 5 \end{aligned}$$

Für die Wahrscheinlichkeiten berücksichtigen wir, dass es sich beim zugrunde liegenden Wahrscheinlichkeitsraum $(\Omega, \mathscr{A}, \mathbb{P})$ um den Laplace'schen Wahrscheinlichkeitsraum mit $\mathbb{P} = \mathscr{L}_\Omega$ handelt und berechnen:

$$\begin{aligned} \mathbb{P}_X(0) &= \mathbb{P}(X=0) = \mathbb{P}(\{0\}) = \frac{1}{8} \\ \mathbb{P}_X(1) &= \mathbb{P}(X=1) = \mathbb{P}(\{1,2\}) = \frac{1}{2} \\ \mathbb{P}_X(2) &= \mathbb{P}(X=2) = \mathbb{P}(\{4\}) = \frac{1}{8} \\ \mathbb{P}_X(5) &= \mathbb{P}(X=5) = \mathbb{P}(\{5,10\}) = \frac{1}{4} \end{aligned}$$

3.2.3 Diskrete Verteilungsfunktion

diskrete Verteilungsfunktion

Neben einer Zähldichte steuert die Verteilungsfunktion zum Verständnis eines zufälligen Vorgangs einen Teil bei. Sie gibt zu einem gegebenen Wert x die Wahrscheinlichkeit an, dass die Zufallsvariable kleiner gleich diesem Wert ist.

Sei $(\Omega, \mathscr{A}, \mathbb{P})$ ein Wahrscheinlichkeitsraum und f die zugehörige Zähldichte.
Wir definieren durch

$$F(t) = \sum_{k=0}^{\lfloor t \rfloor} f(x_k)$$

die zugehörige **diskrete Verteilungsfunktion**. Der Summationsanfang kann dabei auch verschieden von 0 sein.

Gehört die Zähldichte f zu einer reellen Zufallvariablen X, so schreiben wir auch

$$F_X(t) = \sum_{k=0}^{\lfloor t \rfloor} \mathbb{P}_X(x_k) = \sum_{k=0}^{\lfloor t \rfloor} \mathbb{P}(X = x_k).$$

Mit $\lfloor\,.\,\rfloor$ ist die Abrundungsfunktion (Gaußklammer) gemeint, das heißt $\lfloor 1{,}2 \rfloor = 1$, $\lfloor 2{,}9 \rfloor = 2$ und $\lfloor 3 \rfloor = 3$.

Die erste Definition zeigt anschaulich die Struktur einer diskreten Verteilungsfunktion, denn diese ist stets eine Treppenfunktion.

Beispiel: Diskrete Verteilungsfunktion

Greifen wir das Beispiel der Augensumme zweier Würfel erneut auf, ergibt sich beispielsweise für $t = 4{,}5$ der Wert

$$F(4{,}5) = \sum_{k=0}^{\lfloor 4{,}5 \rfloor} f(k) = \sum_{k=0}^{4} \mathbb{P}(X = k) = \underbrace{\frac{1}{36}}_{\mathbb{P}(X=2)} + \underbrace{\frac{2}{36}}_{\mathbb{P}(X=3)} + \underbrace{\frac{3}{36}}_{\mathbb{P}(X=4)} = \frac{6}{36}.$$

Insgesamt ergibt sich die Verteilungsfunktion durch

$$F(t) = \begin{cases} 0 & \text{für } t < 2 \\ \frac{1}{36} & \text{für } 2 \leq t < 3 \\ \frac{3}{36} & \text{für } 3 \leq t < 4 \\ \frac{6}{36} & \text{für } 4 \leq t < 5 \\ \frac{10}{36} & \text{für } 5 \leq t < 6 \\ \frac{15}{36} & \text{für } 6 \leq t < 7 \\ \frac{21}{36} & \text{für } 7 \leq t < 8 \\ \frac{26}{36} & \text{für } 8 \leq t < 9 \\ \frac{30}{36} & \text{für } 9 \leq t < 10 \\ \frac{33}{36} & \text{für } 10 \leq t < 11 \\ \frac{35}{36} & \text{für } 11 \leq t < 12 \\ 1 & \text{für } 12 \leq t \end{cases}.$$

Diese abschnittsweise Definition ist üblich für diskrete Verteilungsfunktionen. Wir halten folgende Bedingungen fest, die jede Verteilungsfunktion erfüllt:

> Sei $F(t)$ eine Verteilungsfunktion, so gilt
>
> - F ist monoton wachsend.
> - F ist rechtsseitig stetig.
> - $\lim\limits_{x \to \infty} F(x) = 1.$
> - $\lim\limits_{x \to -\infty} F(x) = 0.$

Rechenregeln

„Mindestens"-Aufgabe

Obige Funktion ist zwar rechtsseitig stetig, aber nicht stetig. Dies ist ein wichtiger Unterscheidungspunkt zwischen der diskreten Verteilungsfunktion und jener im stetigen Fall.

Im Folgenden stellen wir Rechenregeln für diskrete Verteilungsfunktionen auf:

Gesucht	**Formel**
maximal oder höchstens t	$\mathbb{P}(X \leq t) = F_X(t)$
kleiner oder weniger als t	$\mathbb{P}(X < t) = \mathbb{P}(X \leq t-1) = F_X(t-1)$
mindestens oder größer gleich t	$\mathbb{P}(X \geq t) = 1 - \mathbb{P}(X < t) = 1 - F_X(t-1)$
mehr oder größer als t	$\mathbb{P}(X > t) = 1 - \mathbb{P}(X \leq t) = 1 - F_X(t)$

3.2.4 Erwartungswert und Varianz

Glücksrad (1)

Glücksrad (2)

Erwartungswert

In diesem Abschnitt geht es um Kennzahlen, die ein Zufallsexperiment näher charakterisieren, sodass wir aufgrund dieser Werte bereits einige Aussagen und Einschätzungen treffen können.

Der Erwartungswert ist ein verallgemeinertes gewichtetes Mittel. Dies bedeutet, dass bei hinreichend häufiger Wiederholung im Mittel der Erwartungswert herauskommt. Dies induziert ebenfalls, dass der Erwartungswert **nicht** zwingend angenommen werden muss.

Wir starten mit der Definition:

> Sei X eine diskrete Zufallsvariable, dann bezeichnen wir mit
>
> $$\mathbb{E}[X] := \sum_{k=1}^{\infty} x_k \cdot f_X(x_k) = \sum_{k=1}^{\infty} x_k \cdot \mathbb{P}(X = x_k)$$
>
> den **diskreten Erwartungswert** der Zufallsvariable X.

Dabei ist x_k der Wert, der im Experiment tatsächlich angenommen wird.

Beispiel: Diskreter Erwartungswert (1)

Als Beispiel betrachten wir weiterhin die Summe der Augen beim Wurf zweier Würfel. Mit der Zähldichte aus dem letzten Abschnitt folgt mit $x_k = k$

$$\begin{aligned}\mathbb{E}[X] &= \sum_{k=2}^{7} k \cdot \frac{k-1}{36} + \sum_{k=8}^{12} k \cdot \frac{13-k}{36} = \frac{1}{36} \cdot \left(\sum_{k=2}^{7} k^2 - k + \sum_{k=8}^{12} 13k - k^2 \right) \\ &= \frac{1}{36} \cdot \left((2^2-2) + \ldots + (7^2-7) + (13 \cdot 8 - 8^2 + \ldots + 13 \cdot 12 - 12^2) \right) \\ &= \frac{1}{36} \cdot (112 + 140) \\ &= 7.\end{aligned}$$

Das Ergebnis bedeutet, dass im Mittel die Summe der Augen zweier fairer Würfel 7 ergibt. Damit erhalten wir zusätzlich, dass der erwartete Wert eines Würfels gerade der Hälfte entspricht, also 3,5, obwohl man diesen nicht mit einem Würfel werfen kann. Mit Hilfe der Definition des Erwartungswerts erhalten wir das gleiche Ergebnis für den Wurf eines Würfels, hier ebenfalls mit $x_k = k$ rechnerisch

$$\mathbb{E}[X] = \sum_{k=1}^{\infty} k \cdot \mathbb{P}(X = k) = \sum_{k=1}^{6} k \cdot \frac{1}{6} = \frac{1}{6} \cdot (1+2+3+4+5+6) = 3{,}5.$$

Interpretierbar ist der Erwartungswert auch als der faire Preis eines Glücksspiels, für das eine Teilnahmegebühr entrichtet werden muss. Also bei welchem Einsatz auf Dauer weder Verlust noch Gewinn gemacht wird.

Beispiel: Diskreter Erwartungswert (2)

An dieser Stelle möchten wir ein bekanntes Paradoxon beschreiben, das sogenannte St. Petersburger Glücksspiel. Die Regeln lauten wie folgt:

- Es wird eine Münze so lange geworfen, bis das erste Mal Kopf erscheint.
- Sei k die Anzahl der Würfe. Es fiel demnach $k-1$-Mal *Zahl* und somit erhält der Teilnehmer 2^{k-1} Euro.

Das Paradoxon liegt darin, dass jeder Glücksspieler jeden geforderten Preis bezahlen sollte, denn der Erwartungswert des Experiments ist unendlich und somit ist das Spiel zu jedem endlichen Preis im Mittel profitabel, aber niemand ist bereit, jeden Preis zu akzeptieren.

Definieren wir eine Zufallsvariable X, die den Gewinn bei einmaliger Teilnahme an diesem Glücksspiel ohne Einsatz in Abhängigkeit vom Zeitpunkt k des Ausgangs „Kopf" beschreibt, so erhalten wir bei erstmaligem Erscheinen von „Kopf" im k-ten Wurf per Definition des Spiels 2^{k-1} Euro. Die Wahrscheinlichkeit $k-1$-mal „Zahl" zu werfen, liegt bei einer fairen Münze bei $\left(\frac{1}{2}\right)^{k-1}$. Zusätzlich erwarten wir anschließend den Ausgang „Kopf", welcher mit einer Wahrscheinlichkeit von $\frac{1}{2}$ eintritt, sodass insgesamt

$$\mathbb{P}\left(X = 2^{k-1} (= x_k)\right) = \frac{1}{2} \cdot \left(\frac{1}{2}\right)^{k-1} = \left(\frac{1}{2}\right)^{k}$$

gilt. Damit ergibt sich

$$\mathbb{E}[X] = \sum_{k=1}^{\infty} 2^{k-1} \cdot \left(\frac{1}{2}\right)^k = \sum_{k=1}^{\infty} \frac{1}{2} = \infty.$$

Transformationssatz:
Oft sind wir an der Berechnung von Erwartungswerten interessiert, bei denen die Zufallsvariable noch verändert wird. Möchten wir beispielsweise Größen wie

$$\mathbb{E}\left[X^2\right], \ \mathbb{E}\left[\log(X) - 1 + \sqrt{X}\right] \text{ oder } \mathbb{E}\left[\frac{1}{X}\right]$$

berechnen, hilft uns der Transformationssatz:

> Sei $g : \mathbb{R} \to \mathbb{R}$ eine Funktion sowie X eine stetige Zufallsvariable mit zugehöriger Zähldichte $f_X(x_k)$, so gilt für den Erwartungswert
>
> $$\mathbb{E}[g(X)] = \sum_{k=1}^{\infty} g(x_k) \cdot f_X(x_k) = \sum_{k=1}^{\infty} g(x_k) \cdot \mathbb{P}(X = x_k).$$

Beispiel: Transformationssatz
Innerhalb eines Spiels gibt es die Möglichkeit einen Spielzug dafür zu nutzen, um Punkte mittels Würfelwurf zu generieren. Die Regeln des Spiels besagen, dass ein Spieler immer den gewürfelten Wert zur dritten Potenz nehmen muss und diese als Punktzahl gutgeschrieben bekommt.

Wir betrachten somit den einfachen Wurf eines sechs-seitigen Würfels, die Zufallsvariable sei die Identität, also

$$X(\omega) = \omega \text{ für alle } \omega \in \Omega$$

und zusätzlich sei eine Funktion $g(x) = x^3$ gegeben. Mit Hilfe des Transformationssatzes berechnen wir

$$\mathbb{E}[g(X)] = \sum_{k=1}^{6} g(x) \cdot \mathbb{P}_X(k) = \sum_{k=1}^{6} x^3 \cdot \frac{1}{6} = \frac{1}{6} \cdot (1 + 8 + 27 + 65 + 125 + 216) = \frac{441}{6} = 73,5.$$

Der Wert 73,5 sagt aus, dass für diesen Zug im Mittel 73,5 Punkte erzielt werden.

Rechenregeln:
Nachfolgend halten wir die Rechenregeln des Erwartungswerts fest. Dabei merken wir an, dass wir stets davon ausgehen, dass der Erwartungswert existiert, das bedeutet kleiner als unendlich ist. Zudem verzichten wir auf Angaben wie „fast sicher" um das Dargestellte einfach zu halten.

Beschreibung	**Formel**
Der Erwartungswert ist linear.	$\mathbb{E}[a \cdot X + b \cdot Y] = a \cdot \mathbb{E}[X] + b \cdot \mathbb{E}[Y]$
Der Erwartungswert ändert das Vorzeichen nicht.	$X \geq 0 \Longrightarrow \mathbb{E}[X] \geq 0$
Der Erwartungswert ist monoton.	$X \leq Y \Longrightarrow \mathbb{E}[X] \leq \mathbb{E}[Y]$
Der Erwartungswert ist nicht degeneriert.	$\mathbb{E}[\lvert X \rvert] = 0 \Longrightarrow X = 0$
Der Erwartungswert erfüllt eine Dreiecksunglei-chung.	$\lvert \mathbb{E}(X) \rvert \leq \mathbb{E}[\lvert X \rvert]$
Der Erwartungswert berücksichtigt Zufälligkeit.	$X = c \in \mathbb{R} \Longrightarrow \mathbb{E}[X] = c$
Der Erwartungswert ist im Allgemeinen nicht multiplikativ.	$\mathbb{E}[X \cdot Y] \neq \mathbb{E}[X] \cdot \mathbb{E}[Y]$
Der Erwartungswert ist multiplikativ für unabhängige Zufallsvariablen.	X, Y unabhängig. $\Longrightarrow \mathbb{E}[X \cdot Y] = \mathbb{E}[X] \cdot \mathbb{E}[Y]$

Beispiel: Rechenregeln Erwartungswert

Betrachten wir als Beispiel ein ähnliches Szenario wie zuvor. Ein Spieler kann sich entscheiden zwei Würfel zu werfen und sich für eines der Ergebnisse zu entscheiden, welches als Punktzahl gutgeschrieben wird oder er würfelt einen Würfel, verdoppelt den Wert und subtrahiert 2,5. Für welche Option sollte er sich entscheiden?

Dazu berechnen wir in beiden Fällen den Erwartungswert, sodass wir sehen, wie viele Punkte im Mittel pro Durchführung gutgeschrieben werden. Im ersten Fall betrachten wir das Produkt von zwei Würfeln. Wir definieren daher

$$\Omega = \{\omega = (\omega_1, \omega_2) \mid \omega_i \in \{1, ..., 6\} \text{ für } i \in \{1, 2\}\}$$

und eine reelle Zufallsvariable

$$X((\omega_1, \omega_2) = \max(\omega_1, \omega_2) \text{ für alle } \omega = (\omega_1, \omega_2) \in \Omega.$$

Wir wählen hier das Maximum, um die bestmögliche Punktzahl zu erhalten, die ein rationaler Spieler wählen würde. Damit erhalten wir

$$\begin{aligned}
X = 1: &\quad \{(1,1)\} \\
X = 2: &\quad \{(1,2), (2,1), (2,2)\} \\
X = 3: &\quad \{(1,3), (2,3), (3,3), (3,1), (3,2)\} \\
X = 4: &\quad \{(1,4), (2,4), (3,4), (4,4), (4,1), (4,2), (4,3)\} \\
X = 5: &\quad \{(1,5), (2,5), (3,5), (4,5), (5,5), (5,1), (5,2), (5,3), (5,4)\} \\
X = 6: &\quad \{(1,6), (2,6), (3,6), (4,6), (5,6), (6,6), (6,1), (6,2), (6,3), (6,4), (6,5)\}
\end{aligned}$$

Dementsprechend folgt

$$\begin{aligned}\mathbb{P}_X(1) &= \frac{1}{36}\\ \mathbb{P}_X(2) &= \frac{1}{12}\\ \mathbb{P}_X(3) &= \frac{5}{36}\\ \mathbb{P}_X(4) &= \frac{7}{36}\\ \mathbb{P}_X(5) &= \frac{1}{4}\\ \mathbb{P}_X(6) &= \frac{11}{36}\end{aligned}$$

und wir können den Erwartungswert

$$\mathbb{E}[X] = \sum_{k=1}^{6} k\cdot\mathbb{P}_X(k) = 1\cdot\frac{1}{36}+2\cdot\frac{1}{12}+3\cdot\frac{5}{36}+4\cdot\frac{7}{36}+5\cdot\frac{1}{4}+6\cdot\frac{11}{36} = \frac{161}{36} \approx 4,47$$

berechnen.

Im zweiten Fall benutzen wir die Rechenregeln des Erwartungswerts und erhalten für den klassischen einfachen Würfelwurf

$$\mathbb{E}[2\cdot X-2.5] = 2\cdot\mathbb{E}[X]-\mathbb{E}[2,5] = 2\cdot 3,5-2.5 = 4.5.$$

Der Spieler erhält daher im Mittel den höheren Wert, wenn er sich für die zweite Möglichkeit entscheidet.

Abschließend möchten wir festhalten:

Aus $\mathbb{E}[X]=0$ folgt im Allgemeinen nicht $X=0$.

Denn durchdenken wir folgendes simples aber faires Spiel: Für ein Spiel werfen wir eine faire Münze und X sei eine Zufallsvariable mit $X(„Zahl“)=-1$ und $X(„Kopf“)=1$, so folgt

$$\mathbb{E}[X] = (-1)\cdot\mathbb{P}(X=-1)+1\cdot\mathbb{P}(X=1) = -\frac{1}{2}+\frac{1}{2} = 0,$$

obwohl $X \not\equiv 0$.

Varianz:
Als weitere Kennzahl zur Beschreibung eines Zufallsexperiments dient die Varianz. Diese können wir als mittlere quadratische Abweichung zum Erwartungswert interpretieren.

Sei X eine diskrete Zufallsvariable und $\mu=\mathbb{E}[X]$, so definieren wir die **diskrete Varianz** durch

$$Var(X) = \sum_{k=0}^{\infty}(x_k-\mu)^2\cdot f(k) = \sum_{k=0}^{\infty}(x_k-\mu)^2\cdot\mathbb{P}(X=x_k).$$

Beispiel: Varianz

Betrachten wir als Beispiel den Fall des einfachen Wurfs eines fairen Würfels. Wie wir bereits gesehen haben, gilt $\mu = 3,5$ und damit folgt

Erwartungswert und Varianz

$$\begin{aligned} Var[X] &= \sum_{k=1}^{6}(k-3{,}5)^2 \cdot \frac{1}{6} = \frac{1}{6} \cdot \left((1-3{,}5)^2 + (2-3{,}5)^2 + \ldots + (6-3{,}5)^2\right) \\ &= \frac{1}{6} \cdot (6{,}25 + 2{,}25 + 0{,}25 + 0{,}25 + 2{,}25 + 6{,}25) = \frac{35}{12} \approx 2{,}92. \end{aligned}$$

Bei einem Würfel liegt der quadratische mittlere Abstand zum Erwartungswert 3,5 also bei 2,92. Dieser Abstand gibt uns Aufschluss über die Streuung des Zufallsexperiments. Dies bedeutet, es gibt Informationen darüber, ob viele Werte in der Nähe des Erwartungswerts (= niedrige Streuung = kleine Varianz) oder viele Werte, die weit vom Erwartungswert abweichen (= hohe Streuung = hohe Varianz). Um dies gut einordnen zu können, sollte stets der Erwartungswert mit einbezogen werden. Eine Varianz von 10 bei einem Erwartungswert von 2 sollte gravierender erscheinen als eine Varianz von 100 bei einem Erwartungswert von 10000.

Neben der Varianz existieren weitere Kenngrößen, die das Verhalten von Zufallsexperimenten beschreiben.

Standardabweichung:

> Sei X eine Zufallsvariable, so definieren wir die **Standardabweichung** σ durch
>
> $$\sigma = \sqrt{Var[X]}.$$

Die Standardabweichung hat gegenüber der Varianz unter anderem den Vorteil, dass die Einheit der Einheit der Zufallsvariable entspricht und nicht quadriert ist. Somit bildet die Standardabweichung eine intuitivere Kennzahl für die Streuung.

Standard-abweichung

Schiefe:

Die Schiefe beschreibt den Grad der Asymmetrie einer Verteilung. Bei dieser beschränken wir uns auf die formale Definition über den Erwartungswert:

> Sei X eine Zufallsvariable mit Erwartungswert $\mathbb{E}[X] = \mu$ und Standardabweichung σ, so definieren wir die **Schiefe** durch
>
> $$v(X) = \mathbb{E}\left[\left(\frac{X-\mu}{\sigma}\right)^3\right].$$
>
> Für $v(X) > 0$ sprechen wir von einer rechtsschiefen Verteilung und bei $v(X) < 0$ von einer linksschiefen Verteilung.

Kovarianz:

Eine Kennzahl beschreibt den monotonen Zusammenhang zweier Zufallsvariablen.

Seien X und Y Zufallsvariablen, dann definieren wir die **Kovarianz** durch

$$Cov(X,Y) = \mathbb{E}\Big[(X - \mathbb{E}[X]) \cdot (Y - \mathbb{E}[Y])\Big].$$

Die Art der Linearisierung hängt vom Ergebnis der Kovarianz ab. Normieren wir die Kovarianz mit Hilfe der zuvor definierten Standardabweichung, erhalten wir den Korrelationskoeffizienten.

Seien X und Y Zufallsvariablen mit endlichen Standardabweichungen σ_X und σ_Y, so definieren wir den Korrelationskoeffizienten durch

$$\rho_{X,Y} = Korr(X,Y) = \frac{Cov(X,Y)}{\sigma_X \cdot \sigma_Y}.$$

Korrelations-
koeffizient

Der Korrelationskoeffizient ist dabei eine Größe, die immer zwischen -1 und 1 liegt und den linearen Zusammenhang zweier Zufallsvariablen beschreibt und damit, wie gut die Zufallsvariable Y durch eine Linearkombination der Zufallsvariable X beschrieben werden kann. Für $a > 0$ und $b \in \mathbb{R}$ gilt

$$\begin{aligned} \rho_{X,Y} &= 1 \Rightarrow Y = a \cdot X + b \\ \rho_{X,Y} &= -1 \Rightarrow Y = -a \cdot X + b \end{aligned}$$

Ist der Korrelationskoeffizient gleich 0, so sprechen wir von unkorrelierten Zufallsvariablen.

Beispiel: Korrelation und Kovarianz
Betrachten wir erneut den einfachen Wurf eines fairen sechsseitigen Würfels. Die Zufallsvariable X beschreibe dabei die gewürfelte Augenzahl und Y die Zahl, die auf der gegenüberliegenden Seite, also nicht sichtbar ist.

In diesem Fall hängt das Ergebnis von Y vom Ergebnis der Zufallsvariable X und vice versa ab. Einzeln betrachtet beschreibt jede der beiden Zufallsvariablen einen einfachen Würfelwurf, sodass wir bereits

$$\mathbb{E}[X] = 3{,}5 = \mathbb{E}[Y]$$

kennen. Für die Kovarianz berechnen wir mit Hilfe der Rechenregeln für den Erwartungswert

$$\begin{aligned} Cov(X,Y) &= \mathbb{E}\Big[(X - \mathbb{E}[X]) \cdot (Y - \mathbb{E}[Y])\Big] \\ &= \mathbb{E}\Big[(X - 3{,}5) \cdot (Y - 3{,}5)\Big] \\ &= \mathbb{E}\Big[X \cdot Y - 3{,}5 \cdot X - 3{,}5 \cdot Y + 3{,}5^2\Big] \\ &= \mathbb{E}[X \cdot Y] - 3{,}5 \cdot \mathbb{E}[X] - 3{,}5 \cdot \mathbb{E}[Y] + \mathbb{E}[3{,}5^2] \\ &= \mathbb{E}[X \cdot Y] - 3{,}5 \cdot 3{,}5 - 3{,}5 \cdot 3{,}5 + 3{,}5^2 \\ &= \mathbb{E}[X \cdot Y] - 12{,}25. \end{aligned}$$

Den Erwartungswert eines Produkts von Zufallsvariablen lässt sich im Allgemeinen nicht in das Produkt der Erwartungswerte vereinfachen. Im Laufe des Kapitels werden wir noch eine Eigenschaft kennenlernen, die dies impliziert. In diesem Fall müssen wir den Erwartungswert von $X \cdot Y$

per Hand berechnen. Dazu rufen wir uns ins Gedächtnis wie die Zufallsvariablen sich gegenseitig beeinflussen. Bei einem normalen Würfel ist es so, dass die Summe der gegenüberliegenden Seiten stets 7 ergibt, sodass wir für jedes Ergebnis von X auch ein Ergebnis für Y herleiten können. Damit berechnen wir

$$\begin{aligned}\mathbb{E}[X \cdot Y] &= (1\cdot 6)\cdot\frac{1}{6}+(2\cdot 5)\cdot\frac{1}{6}+(3\cdot 4)\cdot\frac{1}{6}+(4\cdot 3)\cdot\frac{1}{6}+(5\cdot 2)\cdot\frac{1}{6}+(6\cdot 1)\cdot\frac{1}{6}\\ &= \frac{56}{6} \approx 9{,}33\end{aligned}$$

Insgesamt ergibt sich die Kovarianz

$$Cov(X, Y) \approx 9{,}33 - 12{,}25 = -2{,}92.$$

Um die Korrelation zu berechnen, benötigen wir die Standardabweichungen der Zufallsvariablen X und Y. Dabei wissen wir bereits aus dem Beispiel der Varianz, dass

$$Var(X) \approx 2{,}92 \approx Var(Y)$$

gilt. Somit ergibt sich

$$\rho_{X,Y} = \frac{Cov(X,Y)}{\sigma_X \cdot \sigma_Y} \approx \frac{-2{,}92}{\sqrt{2{,}92}\cdot\sqrt{2{,}92}} = -1.$$

Anhand des Korrelationskoeffizienten erkennen wir, dass X und Y maximal negativ korreliert sind. Dies passt zu unserer intuitiven Einschätzung, dass Y immer den entgegengesetzten Wert des Würfels zu X annimmt.

Im Folgenden beschreiben wir für diese Größen mögliche Rechenregeln. Dazu seien a und b stets reelle Zahlen und X und Y Zufallsvariablen mit endlicher Varianz.

Beschreibung	**Formel**
Verschiebungssatz der Varianz	$Var[X] = \mathbb{E}[X^2] - \mathbb{E}[X]^2$
Ohne Zufall (a = konstant), keine Varianz	$Var[a] = 0$
Verschiebung ohne Zufall hat keinen Einfluss auf die Varianz. Wichtig ist die Art der Streuung um einen Punkt, nicht der Ort des Punktes.	$Var[X + a] = Var[X]$
Multiplikative Skalare werden quadratisch herausgezogen.	$Var[a \cdot X] = a^2 \cdot Var[X]$
Die Varianz ist für zwei Zufallsvariablen nicht linear.	$Var[X+Y] = Var[X] + Var[Y] + 2 \cdot Cov[X,Y]$
Aus Unabhängigkeit folgt Unkorreliertheit.	Sind X, Y unabhängig $\Rightarrow Cov(X,Y) = \rho_{X,Y} = 0$
Für unabhängige oder unkorrelierte Zufallsvariablen verhält sich die Summe linear.	Sind X, Y unabhängig oder unkorreliert, folgt $Var[X+Y] = Var[X] + Var[Y]$.
Verschiebungssatz der Kovarianz	$Cov(X,Y) = \mathbb{E}(X \cdot Y) - \mathbb{E}[X] \cdot \mathbb{E}[Y]$
Die Korrelation einer Zufallsvariable mit sich selbst ist die Varianz.	$Cov(X,X) = Var[X]$

Die Kovarianz ist bilinear, das heißt linear in beiden Argumenten.	$Cov(a \cdot X, Y) = a \cdot Cov(X, Y)$ $Cov(X+b, Y) = Cov(X, Y)$ $Cov(X, Y+Z) = Cov(X, Y) + Cov(X, Z)$
Die Kovarianz ist symmetrisch.	$Cov(X, Y) = Cov(Y, X)$
Der Korrelationskoeffizient ist symmetrisch.	$Korr(X, Y) = Korr(Y, X)$
Der Korrelationskoeffizient ist sehr robust gegen Skalierungen.	$Korr(a \cdot X, Y) = sign(a) \cdot Korr(X, Y)$ $Korr(X+b, Y) = Korr(X, Y)$
Eine Zufallsvariable steht im linearen Zusammenhang mit sich selbst.	$Korr(X, X) = 1$

Die Funktion $sign(\cdot)$ ist die sogenannte Signumfunktion oder auch Vorzeichenfunktion. Für positive Werte liefert sie stets den Wert 1, für negative den Wert -1 und es gilt $sign(0) = 0$.

Beispiel: Rechenregeln Varianz und Kovarianz

Wir betrachten erneut den einfachen Würfelwurf eines sechsseitigen Würfels. Zudem seien drei Zufallsvariablen X, Y und Z gegeben. Dabei gibt X nach dem Wurf das gewürfelte Ergebnis wieder, Y beschreibe die gegenüberliegende Zahl und Z das Doppelte der gewürfelten Zahl um 1 vermindert. In diesem Beispiel möchten wir die Varianz der Summe der drei Zufallsvariablen berechnen. Dazu berechnen wir zunächst die einzelnen Varianzen sowie die einzelnen Kovarianzen, denn im Allgemeinen gilt die folgende Regel:

$$Var\left(\sum_{k=1}^{n} X_k\right) = \sum_{k=1}^{n} Var(X_k) + 2 \cdot \sum_{j<k} Cov(X_j, X_k)$$

In unserem Beispiel gilt:

$$Var(X) \approx 2{,}92 \qquad Var(Y) \approx 2{,}92$$

$$Var(Z) = Var(2 \cdot X - 1) = 4 \cdot Var(X) \approx 11{,}68$$

Für die eine Kovarianz wissen wir bereits aus dem letzten Beispiel, dass

$$Cov(X, Y) \approx -2{,}92.$$

Wir berechnen weiter

$$Cov(X, Z) = Cov(X, 2 \cdot X - 1) = 2 \cdot Cov(X, X) = 2 \cdot Var(X) \approx 5{,}84.$$

Und zuletzt für Y und Z

$$Cov(Y,Z) = Cov(Y, 2\cdot X - 1) = 2\cdot Cov(Y,X) = 2\cdot Cov(X,Y) \approx -5{,}84.$$

Damit erhalten wir insgesamt

$$\begin{aligned} Var(X+Y+Z) &= Var(X)+Var(Y)+Var(Z)+2\cdot(Cov(X,Y)+Cov(X,Z)+Cov(Y,Z)) \\ &\approx 17{,}52+2\cdot(-2{,}92) = 11{,}68. \end{aligned}$$

3.3 Stetige Zufallsvariablen

Nachdem wir die diskreten Verteilungen und Zufallsvariablen auf den letzten Seiten analysiert haben, befassen wir uns im Folgenden mit den stetigen Pendants.

diskret vs. stetig (2)

> Sei $(\Omega, \mathscr{A}, \mathbb{P})$ ein stetiger Wahrscheinlichkeitsraum, so bezeichnen wir $X : \Omega \to \mathbb{R}$ als **stetige Zufallsvariable**. X nimmt somit überabzählbar unendlich viele Werte an.

Jeder von uns kennt bereits Beispiele von solchen Zufallsexperimenten. Beispielsweise sind folgende Experimente stetig:

- Dauer eines 100m-Laufs
- Durchschnittstemperatur eines Tages in München
- Wassermenge eines Stausees
- Gewicht des amtierenden Bundeskanzlers / Bundeskanzlerin

Bei einem 100m-Lauf kennen wir die Dauer im Bereich von Sekunden oder vielleicht Millisekunden und diese suggeriert damit Abstände. Jedoch sind diese Abstände auf die Messbarkeit und Handhabbarkeit zurückzuführen. In der Theorie gibt es auch Werte von Zeit jenseits von Mili-, Mikro oder Nanosekunden, sodass Zeit als stetig angesehen wird. Im Laufe dieses Abschnitts sind alle erwähnten Zufallsvariablen, die nicht explizit als diskret bezeichnet werden, stetige Zufallsvariablen.

3.3.1 Wahrscheinlichkeitsdichte und stetige Verteilungsfunktion

Im diskreten Fall haben wir an dieser Stelle die Zähldichte kennengelernt. Das Pendant im stetigen Fall nennen wir Wahrscheinlichkeitsdichte oder nur Dichte. Im Gegensatz zu Zähldichten müssen wir bei der Definition das Integral statt der Summation betrachten.

> Eine Funktion $f : \mathbb{R} \to \mathbb{R}$ heißt **Wahrscheinlichkeitsdichte** oder stetige Wahrscheinlichkeitsfunktion, wenn
>
> $$f(x) \geq 0 \text{ für alle } x \in \mathbb{R} \text{ (Positivität) und } \int_{-\infty}^{\infty} f(x)\,dx = 1 \text{ (Normierungsbedingung).}$$

Neben einer Dichte existiert auch im stetigen Fall eine Verteilungsfunktion.

Sei X eine stetige Zufallsvariable. Die **stetige Verteilungsfunktion** bezüglich der Zufallsvariable X definieren wir durch

$$F_X(t) = \mathbb{P}(X \leq t).$$

Besitzt das Wahrscheinlichkeitsmaß $\mathbb{P}$ eine Wahrscheinlichkeitsdichte f, so gilt

$$\mathbb{P}([a,b]) = \int_a^b f(x)\,dx.$$

Beziehungsweise somit die Eigenschaften

$$\begin{array}{llcccc} \text{i)} & \mathbb{P}(a < X \leq b) & = & F_X(b) - F_X(a) & = & \int_a^b f(x)\,dx \\ \text{ii)} & \mathbb{P}(-\infty < X \leq t) & = & F_X(t) & = & \int_{-\infty}^t f(x)\,dx \\ \text{iii)} & \mathbb{P}(X > t) & = & 1 - F_X(t) & = & \int_t^\infty f(x)\,dx. \end{array}$$

Graphisch lassen sich obige Zusammenhänge folgendermaßen anhand von Beispielen darstellen. In jeder Skizze ist der Graph einer Wahrscheinlichkeitsdichte eingetragen und die grau hinterlegte Fläche visualisiert das Integral:

i):

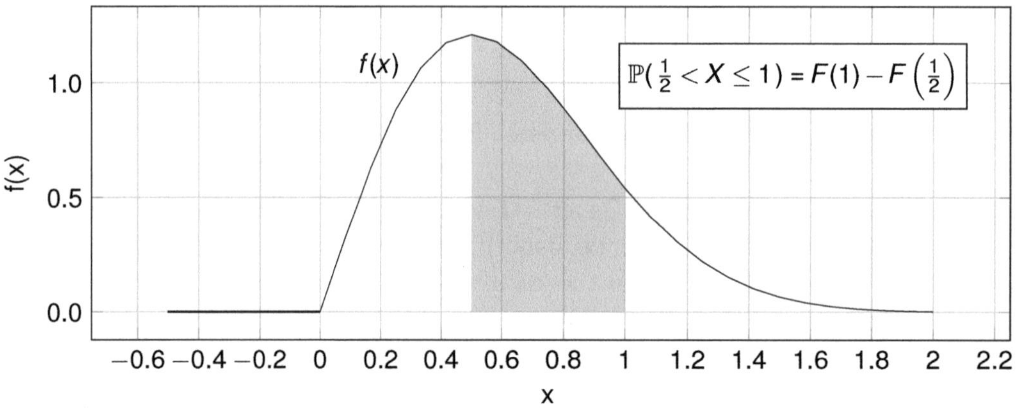

ii):

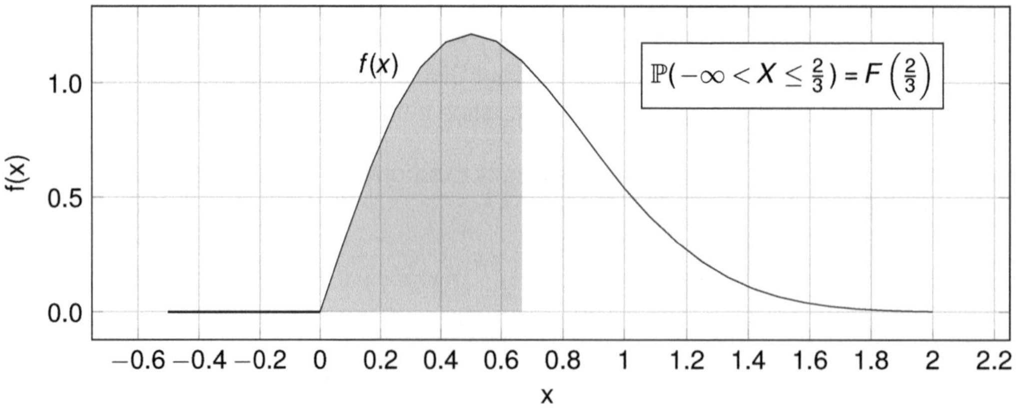

iii)

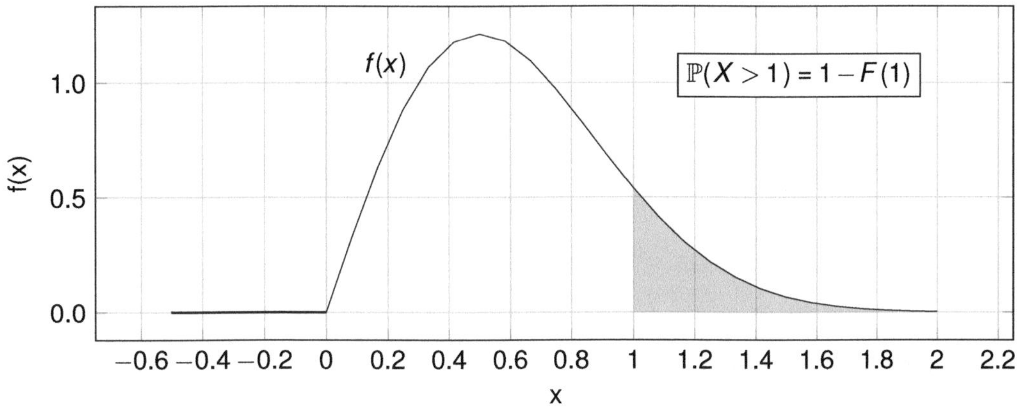

Eine Besonderheit bei Wahrscheinlichkeitsdichten ist, dass einzelne Punkte keine Wahrscheinlichkeit besitzen. Es gilt also stets

$$f(\{a\}) = \mathbb{P}(X = a) = 0, \text{ für } a \in \mathbb{R}.$$

Aufgrund dieser Eigenschaft ist die Beschaffenheit bei Intervallgrenzen bei stetigen Zufallsvariablen und die Unterscheidung zwischen $<$ und $\leq$ beziehungsweise $>$ und $\geq$ irrelevant und es gilt:

$$\begin{array}{ccccccc} \mathbb{P}((a,b]) & = & \mathbb{P}([a,b]) & = & \mathbb{P}([a,b)) & = & \mathbb{P}((a,b)) \\ \parallel & & \parallel & & \parallel & & \parallel \\ \mathbb{P}(a < X \leq b) & = & \mathbb{P}(a \leq X \leq b) & = & \mathbb{P}(a \leq X < b) & = & \mathbb{P}(a < X < b) \end{array}$$

Wir erhalten daher im Vergleich zum diskreten Fall veränderte Rechenregeln für stetige Verteilungsfunktionen:

Gesucht	Formel
maximal oder höchstens t	$\mathbb{P}(X \leq t) = F_X(t)$
kleiner oder weniger als t	$\mathbb{P}(X < t) = \mathbb{P}(X \leq t) = F_X(t)$
mindestens oder größer gleich t	$\mathbb{P}(X \geq t) = 1 - \mathbb{P}(X < t) = 1 - F_X(t)$
mehr oder größer als t	$\mathbb{P}(X > t) = 1 - \mathbb{P}(X \leq t) = 1 - F_X(t)$

Beispiel: Rechenregeln Verteilungsfunktion
Betrachten wir in diesem Beispiel die Verteilungsfunktion

$$F_X(t) = \begin{cases} 0, & t \leq 0 \\ \frac{t^2}{8}, & 0 \leq t < 2 \\ \frac{1}{2}, & t = 2 \\ 1 - \frac{(4-t)^2}{8}, & 2 < x \leq 4 \\ 1 & x > 4 \end{cases}.$$

Wir berechnen beispielhaft:

$$
\begin{aligned}
\mathbb{P}(1 < X < 2) &= F_X(2) - F_X(1) &&= \frac{1}{2} - \frac{1^2}{8} &&= \frac{3}{8} \\
\mathbb{P}(X \geq 3) &= 1 - F_X(3) &&= 1 - \frac{(4-3)^2}{8} &&= \frac{7}{8} \\
\mathbb{P}(X < -1) &= F_X(-1) &&= 0 \\
\mathbb{P}(-2 \leq X \leq 3) &= F_X(3) - F_X(-2) &&= 1 - \frac{(4-3)^2}{8} - 0 &&= \frac{7}{8}
\end{aligned}
$$

Charakteristische Funktion:
An dieser Stelle führen wir die sogenannte charakteristische Funktion ein, da diese im Zuge von Wahrscheinlichkeitsdichten häufig benutzt wird. Es gilt

$$\mathbb{1}_M(x) = \begin{cases} 1, & x \in M \\ 0, & x \notin M \end{cases} .$$

Die charakteristische Funktion nimmt nur die Werte 0 und 1 an. Sie ist gerade dann 1, wenn sich der Wert x in der angegebenen Menge M befindet. Beispielsweise gilt

$$\mathbb{1}_{[1,3]}(x) = \begin{cases} 0, & x < 1 \\ 1, & 1 \leq x \leq 3 \\ 0, & x > 3 \end{cases} .$$

Eine charakteristische Funktion besitzt immer eine ähnliche Form wie folgendes Schaubild:

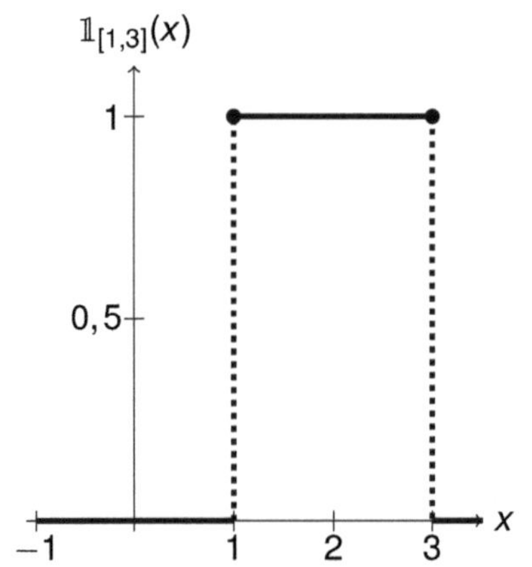

Es gibt eine Menge, auf der die Funktion den Wert 1 annimmt und das Komplement der ersten Menge, auf der die Funktion den Wert 0 annimmt. Dies muss nicht zwingend wie im Schaubild zusammenhängend sein. Zudem besitzt die charakteristische Funktion folgende Eigenschaften bezüglich der Integration

$$\int_{-\infty}^{\infty} \mathbb{1}_{[a,b]}(x)\, dx = \int_a^b 1\, dx$$

bzw. allgemein

$$\int_c^d \mathbb{1}_{[a,b]}(x)\, dx = \int_{\max(a,c)}^{\min(b,d)} 1\, dx.$$

Beispiel: Dichte (1)
Betrachten wir als Beispiel die Funktion $f(x) : \mathbb{R} \to \mathbb{R}$ mit $f(x) = \mathbb{1}_{[0,1]}(x) \cdot 3x^2$. Wir möchten bei dieser Funktion nachweisen, dass es sich um eine Dichte handelt. Dafür müssen wir sowohl die Positivität als auch die Eigenschaft des Integrals die Normierungsbedingung nachweisen. Zum Einen erhalten wir für $x \notin [0,1]$ gerade $f(x) = 0$ und für $x \in [0,1]$ ergibt sich $f(x) = 3x^2 \geq 0$, sodass die erste Bedingung erfüllt ist. Weiter gilt

$$\int_{-\infty}^{\infty} f(x)\, dx = \int_{-\infty}^{\infty} \mathbb{1}_{[0,1]}(x) \cdot 3x^2\, dx = \int_0^1 3x^2\, dx = [x^3]_0^1 = 1^3 - 0^3 = 1.$$

Beispiel: Dichte (2)
Für die Funktion $f(x) = \mathbb{1}_{[-1,2]}(x) \cdot \frac{2}{3}x$ ist zwar die Normierungsbedingung erfüllt, allerdings ist $f(-1) = -\frac{2}{3}$ und somit ist sie nicht stets größer gleich 0. Damit ist diese Funktion keine Wahrscheinlichkeitsdichte.

Beispiel: Dichte (3)
Die Funktion $f(x) = \mathbb{1}_{[1,4]} \cdot e^x$ ist zwar immer positiv, allerdings gilt für das Integral

$$\int_{-\infty}^{\infty} \mathbb{1}_{[1,4]} \cdot e^x\, dx = \int_1^4 e^x\, dx = [e^x]_1^4 = e^4 - e \neq 1,$$

sodass diese Funktion ebenfalls keine Wahrscheinlichkeitsdichte ist.

Für stetige Verteilungsfunktionen gelten allgemein die gleichen Eigenschaften wie im diskreten Fall. Sie sind also

1. rechtsseitig stetig,
2. monoton wachsend und
3. besitzen die Grenzwerte $\lim_{x\to\infty} F_X(t) = 1$ sowie $\lim_{x\to-\infty} F_X(t) = 0$.

Hinzu kommt allerdings die Eigenschaft, dass die Verteilungsfunktion einer stetigen Zufallsvariable stetig ist. Das bedeutet, sie besitzen keine Sprünge. Dies leuchtet ein, da wir im diskreten Fall gesehen haben, dass die Sprunghöhe von der Wahrscheinlichkeit in diesem speziellen Punkt $\mathbb{P}(X = a)$ abhängt. Mit obigem Fakt folgt jedoch, dass einzelne Punkte bei stetigen Zufallsvariablen keine Wahrscheinlichkeit größer 0 besitzen, da im stetigen Fall stets $\mathbb{P}(X = a) = 0$ gilt.

Beispiel: Verteilungsfunktion
Betrachten wir als Beispiel folgende Funktion

$$F(t) = \begin{cases} 0, & t < 0 \\ \frac{x}{4}, & 0 \leq t < 2 \\ t - \frac{3}{2}, & 2 \leq t < \frac{5}{2} \\ 1, & t \geq \frac{5}{2} \end{cases}.$$

Handelt es sich dabei um eine Verteilungsfunktion einer stetigen Zufallsvariable? Für den Nachweis gehen wir zunächst die Bedingungen wie im Kapitel der diskreten Verteilungsfunktion durch.

$F(t)$ ist monoton wachsend, denn zwischen den ersten beiden Bereichen erhalten wir für $x \in [0,2)$, dass $\frac{x}{4} \geq 0$ und für den dritten und vierten Bereich erhalten wir für $x \in \left[2, \frac{5}{2}\right)$, dass $x - \frac{3}{2} < \frac{5}{2} - \frac{3}{2} = 1$ gilt. Für die Monotonie zwischen dem zweiten und dritten Bereich berechnen wir

$$\begin{aligned} & \frac{x}{4} && \leq x - \frac{3}{2} && \mid \cdot 4 \\ \Leftrightarrow\ & x && \leq 4x - 6 && \mid -4x \\ \Leftrightarrow\ & -3x && \leq -6 && \mid \cdot(-1) \text{ (Achtung: dreht das Zeichen um!)} \\ \Leftrightarrow\ & 3x && \geq 6 && \mid :3 \\ \Leftrightarrow\ & x && \geq 2, \end{aligned}$$

sodass die Monotonie erfüllt ist, da der Bereich, in dem die Rechenvorschrift $x - \frac{3}{2}$ genutzt wird, $x \geq 2$ impliziert. Abschließend müssen wir zeigen, dass die Funktion F stetig ist.

Bei einer abschnittsweise definierten Funktion, bei der die einzelnen Abschnitte stetig sind, reicht es, die Übergänge zu überprüfen.

Da die Funktionen 0, $\frac{x}{4}$, $x - \frac{3}{2}$, 1 jeweils stetig sind, reicht die folgende Betrachtung aus. Wir berechnen den Grenzwert immer von der Seite, bei der kein „=“ in den Grenzen enthalten ist. Da dies hier immer bei der oberen Grenze der Fall ist, betrachten wir stets den Grenzwert von unten, also $\lim_{x \uparrow x_0}$ an den Übergängen. Es gilt:

$$\begin{aligned} F(0) &= \frac{0}{4} = 0 && \text{und} && \lim_{x\uparrow 0} F(x) = \lim_{x \uparrow 0} 0 = 0 \\ F(2) &= 2 - \frac{3}{2} = \frac{1}{2} && \text{und} && \lim_{x\uparrow 2} F(x) = \lim_{x\uparrow 2} \frac{x}{4} = \frac{1}{2} \\ F\left(\frac{5}{2}\right) &= 1 && \text{und} && \lim_{x\uparrow \frac{5}{2}} F(x) = \lim_{x\uparrow\frac{5}{2}} x - \frac{3}{2} = 1. \end{aligned}$$

Im folgenden Bild sehen wir die Funktion $F(t)$:

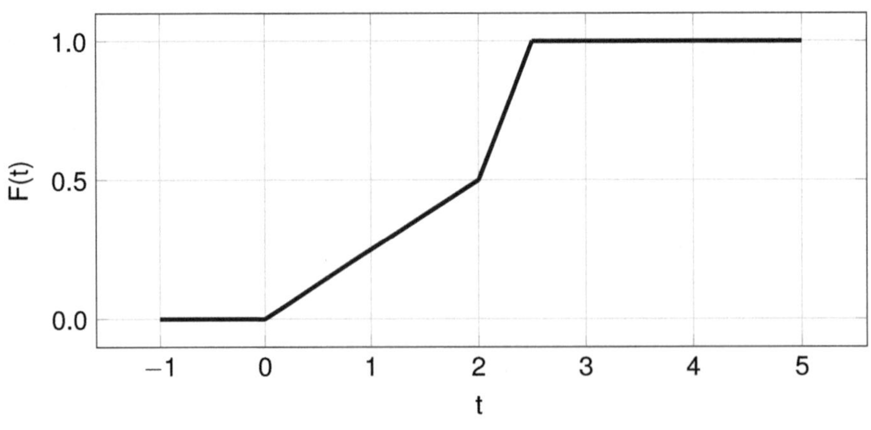

Wir erkennen, dass die Funktion „Knicke“ besitzt, diese sind für die Stetigkeit jedoch nicht relevant. (Die angegebene Funktion ist nicht differenzierbar, aber stetig.)

3.3.2 Berechnung der Wahrscheinlichkeitsdichte aus einer stetigen Verteilungsfunktion

Wir haben gesehen, dass durch eine Zufallsvariable eine Verteilungsfunktion erklärt werden und diese gegebenenfalls eine Dichte besitzen kann. In diesem Fall gilt

$$F_X(t) = \mathbb{P}(X \leq t) = \int_{-\infty}^{t} f(x)\,dx.$$

Durch diesen Zusammenhang ist es möglich, für eine gegebene stetige Verteilungsfunktion zunächst eine Bedingung zur Existenz einer zugehörigen Dichte zu formulieren und anschließend eine Berechnung dieser zu erklären. Es gilt:

> Für eine Zufallsvariable X besitzt die Verteilungsfunktion $F_X(t)$ genau dann eine Dichte, wenn $F_X(t)$ absolut stetig ist.

Diese Definition ist an den meisten Stellen unhandlich und in der Regel nicht gefordert. Wir geben uns mit folgender Implikation zufrieden, die allerdings nicht alle mathematische Funktionen abdeckt:

> Für eine Zufallsvariable X besitzt die Verteilungsfunktion $F_X(t)$ eine Dichte, wenn $F_X(t)$ an höchstens abzählbar vielen Punkten nicht differenzierbar ist. An den Stellen, an denen $F_X(t)$ differenzierbar ist, gilt
>
> $$\frac{d}{dt}F_X(t) = f_X(t).$$
>
> Das gleiche Ergebnis erhalten wir für eine Verteilungsfunktion $F(t)$, die nicht explizit durch eine Zufallsvariable induziert ist.

Beispiel: Existenz Dichte
Als Beispiel betrachten wir folgende Verteilungsfunktion

$$F(t) = \begin{cases} 0, & t < 0 \\ \frac{t^2}{4}, & 0 \leq t < 1 \\ \frac{1}{2}t, & 1 \leq t < 2 \\ 1, & t \geq 2 \end{cases}.$$

Wir wissen, dass die Funkionen 0, $\frac{x^2}{4}$, $\frac{1}{2}x$ sowie 1 differenzierbare Funktionen sind. Somit ist $F_X(t)$ an höchstens drei Stellen nicht differenzierbar (0, 1 und 2). Dies müssen wir an dieser Stelle nicht nachprüfen, da sowohl keine, eine oder drei solcher Unstetigkeitsstellen für unsere Betrachtung in Ordnung sind. Um die Dichte aus dieser Verteilungsfunktion zu erhalten, leiten wir nun jeden Bereich einzeln ab und es folgt

$$f(t) = \begin{cases} 0, & t < 0 \\ \frac{\mathrm{d}}{\mathrm{d}t}\frac{t^2}{4} = \frac{t}{2}, & 0 \leq t < 1 \\ \frac{\mathrm{d}}{\mathrm{d}t}\frac{1}{2}t = \frac{1}{2}, & 1 \leq t < 2 \\ 0, & t \geq 2 \end{cases}.$$

3.3.3 Berechnung der stetigen Verteilungsfunktion aus einer Wahrscheinlichkeitsdichte

Neben der Berechnungsmöglichkeit, die wir im letzten Abschnitt besprochen haben, können wir auch aus einer gegebenen Wahrscheinlichkeitsdichte die zugehörige stetige Verteilungsfunktion berechnen. Der Unterschied liegt darin, dass wir im Falle einer abschnittsweise definierten Dichte nicht einfach abschnittsweise integrieren dürfen, sondern eine Fallunterscheidung vornehmen müssen, da beim Integrieren die additive Konstante nicht wie beim Ableiten wegfällt.

Beispiel: Verteilungsfunktion aus Dichte
Sei

$$f(x) = \begin{cases} 0, & x < 0 \quad \text{erster Bereich} \\ x, & 0 \leq x < 1 \quad \text{zweiter Bereich} \\ \frac{3}{2}, & 1 \leq x < \frac{4}{3} \quad \text{dritter Bereich} \\ 0, & x \geq \frac{4}{3} \quad \text{vierter Bereich} \end{cases}.$$

Um aus dieser Dichte die zugehörige Verteilungsfunktion zu berechnen, gehen wir so vor:

1. Wir wählen t als obere Grenze des Integrals und schränken es wie x im ersten Bereich der Dichte $f(x)$ ein (hier also $t < 0$).
2. Wir berechnen das Integral, indem wir gegebenenfalls mehrere Teilintegrale berechnen.
3. Wir schränken t auf den anknüpfenden beziehungsweise nächsthöheren Bereich ein.

Wir starten somit mit der Einschränkung auf den ersten Bereich: Sei $t < 0$. Damit erhalten wir $(-\infty, t) \subset (-\infty, 0)$ und berechnen

$$F(t) = \int_{-\infty}^{t} \overbrace{f(x)}^{= 0 \text{ für } x \in (-\infty, t)} dx = \int_{-\infty}^{t} 0 \, dx = 0.$$

Nun schränken wir auf den nachfolgenden Bereich ein: Sei $0 \leq t < 1$. Wir splitten das Integral an den Sprüngen in der Definition von $f(x)$ entsprechend in Teilintegrale auf, da sich in den verschiedenen Bereichen die Funktionsvorschrift ändert. In diesem Fall ist ein Wechsel der Funktionsvorschrift im Punkt $x = 0$, sodass wir das Integral an dieser Stelle in zwei Integrale aufteilen. Mengenweise gilt

$$(-\infty, t) = (-\infty, 0) \cup [0, t) \subset (-\infty, 1)$$

Es folgt

diesmal für ein anderes t als oben!

$$\begin{aligned} F(t) &= \int_{-\infty}^{t} f(x)\, dx = \underbrace{\int_{-\infty}^{0} f(x)\, dx}_{\text{erster Bereich}} + \underbrace{\int_{0}^{t} f(x)\, dx}_{\text{zweiter Bereich}} \\ &= \int_{-\infty}^{0} 0\, dx + \int_{0}^{t} x\, dx = 0 + \left[\frac{1}{2}x^2\right]_0^t \\ &= \frac{1}{2}t^2. \end{aligned}$$

Anschließend gehen wir zum dritten Bereich über und schränken t erneut ein: Sei $1 \leq t < \frac{4}{3}$, so folgt mengentheoretisch

$$(-\infty, t) = (-\infty, 0) \cup (0,1) \cup (1,t) \subset (-\infty, \frac{4}{3})$$

und wir berechnen insgesamt

erster Bereich — zweiter Bereich — dritter Bereich

$$\begin{aligned} F(t) &= \int_{-\infty}^{t} f(x)\,dx = \int_{-\infty}^{0} f(x)\,dx + \int_{0}^{1} f(x)\,dx + \int_{1}^{t} f(x)\,dx \\ &= \int_{-\infty}^{0} 0\,dx + \int_{0}^{1} x\,dx + \int_{1}^{t} \frac{3}{2}\,dx = 0 + \left[\frac{1}{2}x^2\right]_0^1 + \left[\frac{3}{2}x\right]_1^t \\ &= \frac{1}{2} + \frac{3}{2}t - \frac{3}{2} = \frac{3}{2}t - 1. \end{aligned}$$

Abschließend betrachten wir noch den letzten Bereich.
Sei $t > \frac{4}{3}$, so folgt für unser Intervall

$$(-\infty, t) = (-\infty, 0) \cup (0,1) \cup (1, \frac{4}{3}) \cup (\frac{4}{3}, t) \subset (-\infty, \infty)$$

und wir berechnen

erster Bereich — zweiter Bereich — dritter Bereich — vierter Bereich

$$\begin{aligned} F(t) &= \int_{-\infty}^{t} f(x)\,dx = \int_{-\infty}^{0} f(x)\,dx + \int_{0}^{1} f(x)\,dx + \int_{1}^{\frac{4}{3}} f(x)\,dx + \int_{\frac{4}{3}}^{t} f(x)\,dx \\ &= \int_{-\infty}^{0} 0\,dx + \int_{0}^{1} x\,dx + \int_{1}^{\frac{4}{3}} \frac{3}{2}\,dx + \int_{\frac{4}{3}}^{t} 0\,dx = 0 + \left[\frac{1}{2}x^2\right]_0^1 + \left[\frac{3}{2}x\right]_1^{\frac{4}{3}} + 0 \\ &= \frac{1}{2} + \frac{3}{2} \cdot \frac{4}{3} - \frac{3}{2} = 1. \end{aligned}$$

Insgesamt können wir die Verteilungsfunktion schreiben als

$$F(t) = \begin{cases} 0, & t < 0 \\ \frac{1}{2}t^2, & 0 \leq t < 1 \\ \frac{3}{2}t - 1, & 1 \leq t < \frac{4}{3} \\ 1, & t \geq \frac{4}{3} \end{cases}.$$

3.3.4 Erwartungswert und Varianz von stetigen Verteilungen

Wie auch im Kapitel der diskreten Verteilungen lassen sich Erwartungswert und Varianz für stetige Verteilungen definieren. Statt der Summation bilden wir diese durch Integration. Es gilt

> Sei X eine stetige Zufallsvariable mit zugehöriger Wahrscheinlichkeitsdichte $f_X(x)$, so definieren wir durch
>
> $$\mathbb{E}[X] = \mu = \int_{-\infty}^{\infty} x \cdot f_X(x)\,dx$$
>
> den Erwartungswert von X.

Achtung: Der Erwartungswert $\mathbb{E}[X]$ muss nicht zwingend existieren. $\mathbb{E}[X] = \infty$ ist nicht ausgeschlossen!

Existiert der Erwartungswert, sprechen wir von einer stetigen integrierbaren Zufallsvariable.

Beispiel: Erwartungswert
Betrachten wir als Beispiel eine Zufallsvariable X mit der Wahrscheinlichkeitsdichte

$$f(x) = 1_{(0,\infty)}(x) \cdot 2e^{-2x}.$$

Für die Berechnung wenden wir zunächst die charakteristische Funktion auf die Grenzen des Integrals an. Da die Dichte für negative Werte stets 0 ist, betrachten wir nur die Integration über positive Werte von x. Wir berechnen das entstehende Integral anschließend mit Hilfe der partiellen Integration (P.I.). Dazu wählen wir $u(x) = x$ und $u'(x) = 1$ sowie $v'(x) = 2e^{-2x}$ und $v(x) = -e^{-2x}$. Es gilt

$$\begin{aligned}
\mathbb{E}[X] &= \int_{-\infty}^{\infty} x \cdot f(x)\, dx = \int_{-\infty}^{\infty} x \cdot \mathbb{1}_{(0,\infty)}(x) \cdot 2e^{-2x}\, dx = \int_{0}^{\infty} x \cdot 2e^{-2x}\, dx \\
&= \lim_{b\to\infty} \int_0^b 2e^{-2x}\, dx \overset{\text{P.I.}}{=} \lim_{b\to\infty} \left[x \cdot \left(-e^{-2x}\right)\right]_0^b - \int_0^b 1 \cdot \left(-e^{-2x}\right) dx \\
&= \lim_{b\to\infty} -b \cdot e^{-2b} - 0 + \int_0^b e^{-2x}\, dx = 0 - \lim_{b\to\infty} \left[-\frac{1}{2}e^{-2x}\right]_0^b = \lim_{b\to\infty} -\frac{1}{2}e^{-2b} + \frac{1}{2}e^0 \\
&= \frac{1}{2}.
\end{aligned}$$

Die Regeln und Eigenschaften wie zum Beispiel die Linearität, die wir für den Erwartungswert im diskreten Fall notiert haben, gelten auch im stetigen Fall.

Im Folgenden wiederholen wir den Transformationssatz für den stetigen Erwartungswert.

Sei $g : \mathbb{R} \to \mathbb{R}$ sowie X eine stetige Zufallsvariable mit zugehöriger Wahrscheinlichkeitsdichte $f_X(x)$. Dann gilt für den Erwartungswert

$$\mathbb{E}[g(X)] = \int_{-\infty}^{\infty} g(x) \cdot f_X(x)\, dx.$$

Wir wenden die Transformation, welche die Zufallsvariable X transformiert, also auf das x im Integral an, nicht auf die Dichte.

Beispiel: Transformationssatz
Betrachten wir dazu das Beispiel einer stetigen Zufallsvariable X mit Dichte

$$f_X(x) = \mathbb{1}_{(0,1)}(x) \cdot 2x = \begin{cases} 0, & x \leq 0 \\ 2x, & 0 < x < 1 \\ 0, & x \geq 1 \end{cases}.$$

Zunächst berechnen wir erneut den Erwartungswert:

$$\mathbb{E}[X] = \int_{-\infty}^{\infty} x \cdot f_X(x)\, dx = \int_{-\infty}^{\infty} x \cdot \mathbb{1}_{(0,1)}(x) \cdot 2x\, dx = \int_0^1 2x^2\, dx = \left[\frac{2}{3}x^3\right]_0^1 = \frac{2}{3}$$

Für eine weitere Zufallsvariable $Y = \frac{1}{X}$ können wir mittels Transformationssatz direkt den Erwartungswert herleiten. Wir identifizieren die Funktion g im Transformationssatz mit $g(x) = \frac{1}{x}$ und berechnen

$$\mathbb{E}[Y] = \mathbb{E}\left[\frac{1}{X}\right] = \int_{-\infty}^{\infty} g(x) \cdot f_X(x)\, dx = \int_{-\infty}^{\infty} \frac{1}{x} \cdot \mathbb{1}_{(0,1)}(x) \cdot 2x\, dx = \int_0^1 2\, dx = [2x]_0^1 = 2.$$

Anhand dieses Beispiels wird ebenfalls klar, dass im Allgemeinen $\mathbb{E}[g(X)] \neq g(\mathbb{E}[X])$ gilt.

Nachfolgend betrachten wir neben dem Erwartungswert auch die Varianz einer stetigen Zufallsvariable. Analog zum Erwartungswert wird diese im stetigen Fall über Integration definiert.

Den Zusammenhang $Var(X) = \mathbb{E}[X^2] - \mathbb{E}[X]^2$ und alle weiteren Eigenschaften der Varianz im diskreten Fall gelten weiterhin.

Sei X eine stetige Zufallsvariable mit zugehöriger Wahrscheinlichkeitsdichte $f_X(x)$, so definieren wir die Varianz durch

$$Var(X) = \sigma^2 = \int_{-\infty}^{\infty} (x - \mathbb{E}[X])^2 \cdot f_X(x)\, dx.$$

Wie auch für den Erwartungswert gilt:

Die Varianz einer stetigen Zufallsvariable muss nicht zwingend existieren.

Existiert die Varianz jedoch, so sprechen wir von einer stetigen quadratisch integrierbaren Zufallsvariable.

Beispiel: Varianz

Betrachten wir im Folgenden erneut die Zufallsvariable mit der Dichte

$$f_X(x) = \mathbb{1}_{(0,1)}(x) \cdot 2x = \begin{cases} 0, & x \leq 0 \\ 2x, & 0 < x < 1 \\ 0, & x \geq 1 \end{cases}$$

und berechnen die Varianz. Wir wissen bereits, dass $\mathbb{E}[X] = \frac{2}{3}$ gilt und somit folgt

$$\begin{aligned} Var(X) &= \int_{-\infty}^{\infty} (x - \mathbb{E}[X])^2 \cdot f_X(x)\, dx = \int_{-\infty}^{\infty} \left(x - \frac{2}{3}\right)^2 \cdot \mathbb{1}_{(0,1)}(x) \cdot 2x\, dx = \int_0^1 \left(x^2 - \frac{4}{3}x + \frac{4}{9}\right) \cdot 2x\, dx \\ &= \int_0^1 2x^3 - \frac{8}{3}x^2 + \frac{8}{9}x\, dx = \left[\frac{2}{4}x^4 - \frac{8}{9}x^3 + \frac{4}{9}x^2\right]_0^1 = \frac{1}{2} - \frac{8}{9} + \frac{4}{9} = \frac{1}{18}. \end{aligned}$$

In den meisten Fällen ist es effizienter, den Erwartungswert $\mathbb{E}[X^2]$ mittels Transformationssatz zu berechnen und in die bekannte Formel für die Varianz $Var(X) = \mathbb{E}[X^2] - \mathbb{E}[X]^2$ einzusetzen. In dieser Variante rechnen wir für $g(x) = x^2$

$$\mathbb{E}\left[X^2\right] = \int_{-\infty}^{\infty} x^2 \cdot f_X(x)\,dx = \int_{-\infty}^{\infty} x^2 \cdot \mathbb{1}_{(0,1)}(x) \cdot 2x\,dx = \int_0^1 2x^3\,dx = \left[\frac{2}{4}x^4\right]_0^1 = \frac{1}{2}.$$

und anschließend erhalten wir die Varianz durch

$$Var(X) = \mathbb{E}\left[X^2\right] - \mathbb{E}[X]^2 = \frac{1}{2} - \left(\frac{2}{3}\right)^2 = \frac{1}{2} - \frac{4}{9} = \frac{1}{18}.$$

3.4 Unabhängigkeit

Allgemein

Baumdiagramm

Anwendung

Wie wir in mehreren Experimenten gesehen haben, kann eine Zufallsvariable in ihrem Ausgang von einer anderen Zufallsvariable abhängen. Beispielsweise waren die Zufallsvariablen X und Y beim einfachen Würfelwurf, bei denen X die gewürfelte Zahl und Y die gegenüberliegende Zahl angibt, maximal negativ korreliert. In diesem Kapitel befassen wir uns mit der Eigenschaft für Unabhängigkeit und überlegen, welche Voraussetzungen hinreichend dafür sein können und welche weiteren Folgerungen wir erhalten können.

Neben der Abhängigkeit von Zufallsvariablen können auch Ereignisse voneinander abhängen. Wir definieren dazu:

Sei $(\Omega, \mathscr{A}, \mathbb{P})$ ein Wahrscheinlichkeitsraum $I \neq \emptyset$ eine Indexmenge und $(A_j)_{j \in J}$ eine Familie von Ereignissen mit $A_j \in \mathscr{A}$ für alle $j \in I$. Wir bezeichnen diese Familie von Ereignissen als **stochastisch unabhängig**, wenn für alle endlichen Teilmengen $J \subseteq I$ die Eigenschaft

$$\mathbb{P}\left(\bigcap_{j \in J} A_j\right) = \prod_{j \in J} \mathbb{P}(A_j)$$

gilt.

Hilfreich für die Unabhängigkeit ist zudem folgende Aussage:

Ist die Indexmenge I endlich, so genügt es die Gleichheit

$$\mathbb{P}\left(\bigcap_{j \in J} A_j\right) = \prod_{j \in J} \mathbb{P}(A_j)$$

für $J = I$ zu zeigen, statt alle endlichen Teilmengen zu betrachten.

Beispiel: Unabhängigkeit Ereignisse
Betrachten wir als Beispiel erneut den einfachen Wurf eines sechsseitigen Würfels. Wir definieren die drei Ereignisse:

$$\begin{aligned} A &= \{2,4,6\} \\ B &= \{1,3,5\} \\ C &= \{1,2\} \end{aligned}$$

Im Folgenden untersuchen wir, ob die Ereignisse paarweise unabhängig sind und wie es mit allen dreien zusammen aussieht. Es gilt

$$\begin{aligned}
\mathbb{P}(A \cap B) &= \mathbb{P}(\emptyset) = 0, & \mathbb{P}(A)\cdot\mathbb{P}(B) &= \frac{1}{2}\cdot\frac{1}{2} = \frac{1}{4}\\
\mathbb{P}(A \cap C) &= \mathbb{P}(\{2\}) = \frac{1}{6}, & \mathbb{P}(A)\cdot\mathbb{P}(C) &= \frac{1}{2}\cdot\frac{1}{3} = \frac{1}{6}\\
\mathbb{P}(B \cap C) &= \mathbb{P}(\{1\}) = \frac{1}{6}, & \mathbb{P}(B)\cdot\mathbb{P}(C) &= \frac{1}{2}\cdot\frac{1}{3} = \frac{1}{6}\\
\mathbb{P}(A \cap B \cap C) &= \mathbb{P}(\emptyset) = 0, & \mathbb{P}(A)\cdot\mathbb{P}(B)\cdot\mathbb{P}(C) &= \frac{1}{2}\cdot\frac{1}{2}\cdot\frac{1}{3} = \frac{1}{12}
\end{aligned}$$

Wir erkennen also, dass die Ereignisse A und C sowie B und C jeweils paarweise unabhängig sind, während die Ereignisse A und B sowie alle drei Ereignisse zusammen nicht unabhängig sind.

Betrachten wir zudem den Wahrscheinlichkeitsraum $(\Omega, \mathscr{A}, \mathbb{P})$ mit $\Omega = \{a, b, c, d\}$, $\mathscr{A} = \mathscr{P}(\Omega)$ und $\mathbb{P} = \mathscr{L}_\Omega$. Wir definieren die drei Ereignisse:

$$\begin{aligned}
A &= \{a, b\}\\
B &= \{b, d\}\\
C &= \{a, d\}
\end{aligned}$$

In diesem Fall berechnen wir

$$\begin{aligned}
\mathbb{P}(A \cap B) &= \mathbb{P}(\{b\}) = \frac{1}{4}, & \mathbb{P}(A)\cdot\mathbb{P}(B) &= \frac{1}{2}\cdot\frac{1}{2} = \frac{1}{4}\\
\mathbb{P}(A \cap C) &= \mathbb{P}(\{a\}) = \frac{1}{4}, & \mathbb{P}(A)\cdot\mathbb{P}(C) &= \frac{1}{2}\cdot\frac{1}{2} = \frac{1}{4}\\
\mathbb{P}(B \cap C) &= \mathbb{P}(\{d\}) = \frac{1}{4}, & \mathbb{P}(B)\cdot\mathbb{P}(C) &= \frac{1}{2}\cdot\frac{1}{2} = \frac{1}{4}\\
\mathbb{P}(A \cap B \cap C) &= \mathbb{P}(\emptyset) = 0, & \mathbb{P}(A)\cdot\mathbb{P}(B)\cdot\mathbb{P}(C) &= \frac{1}{2}\cdot\frac{1}{2}\cdot\frac{1}{2} = \frac{1}{8}
\end{aligned}$$

Diese Konstellation zeigt, dass zwar alle drei Ereignisse A, B und C paarweise unabhängig sind, jedoch sind sie zusammen genommen nicht unabhängig.

Neben der Unabhängigkeit von Ereignissen können wir den Begriff auf Zufallsvariablen übertragen:

> Sei $(\Omega, \mathscr{A}, \mathbb{P})$ ein Wahrscheinlichkeitsraum und $I \neq \emptyset$ eine Indexmenge. Wir bezeichnen eine Familie von Zufallsvariablen $(X_j)_{j\in I}$ mit
>
> $$X_j : (\Omega, \mathscr{A}) \to (\Omega_j, \mathscr{A}_j)$$
>
> als **stochastisch unabhängig**, wenn für alle $A_j \in \mathscr{A}_j$ die Ereignisse $(\{X_j \in A_j\})$ stochastisch unabhängig sind. Das bedeutet, es gilt für alle endlichen Mengen $J \subseteq I$
>
> $$\mathbb{P}\left(\bigcap_{j\in J}\{X_j \in A_j\}\right) = \prod_{j\in J}\mathbb{P}(X_j \in A_j).$$

Beispiel: Unabhängigkeit Zufallsvariablen

In diesem Beispiel betrachten wir einen fairen vierseitigen Würfel mit den Augenzahlen 1, 2, 3 und 4. Den einfachen Wurf dieses Würfels modellieren wir durch den Wahrscheinlichkeitsraum $(\Omega, \mathscr{A}, \mathbb{P})$ mit $\Omega = \{1, 2, 3, 4\}$, $\mathscr{A} = \mathscr{P}(\Omega)$ und $\mathbb{P} = \mathscr{L}_\Omega$. Zudem seien die Zufallsvariablen X_1 und X_2 mit

$$X_1(1) = X_1(3) = 0 \text{ und } X_1(2) = X_1(4) = 1$$

sowie

$$X_2(1) = X_2(2) = 0 \text{ und } X_2(3) = X_2(4) = 1$$

gegeben. Das bedeutet, dass beide Zufallsvariablen in den Messraum

$$(\Omega', \mathscr{A}') = \big(\{0, 1\}, \mathscr{P}(\Omega')\big)$$

abbilden. Bei der Untersuchung der Unabhängigkeit müssen wir nun alle Ereignisse $A \in \mathscr{P}(\Omega')$ auf Unabhängigkeit untersuchen. Generell gilt:

> **$A = \Omega$ und $A = \emptyset$ können bei dieser Betrachtung ignoriert werden, da diese stets unabhängig sind.**

Wir starten daher mit $A_1 = A_2 = \{0\}$ und es gilt

$$\begin{aligned} \{X_1 \in A_1\} &= \{X_1 \in \{0\}\} = \{1, 3\} \quad \text{und} \\ \{X_2 \in A_2\} &= \{X_2 \in \{0\}\} = \{1, 2\}. \end{aligned}$$

Diese Ereignisse sind unabhängig, denn die Berechnung zeigt:

$$\begin{aligned} \mathbb{P}(\{X_1 \in A_1\} \cap \{X_2 \in A_2\}) &= \mathbb{P}(\{1, 3\} \cap \{1, 2\}) = \mathbb{P}(\{1\}) = \frac{1}{4} \\ \mathbb{P}(\{X_1 \in A_1\}) \cdot \mathbb{P}(\{X_2 \in A_2\}) &= \mathbb{P}(\{1, 3\}) \cdot \mathbb{P}(\{1, 2\}) = \frac{1}{2} \cdot \frac{1}{2} = \frac{1}{4} \end{aligned}$$

Im Folgenden gehen wir alle möglichen Konstellationen der Mengen A_1 und A_2 durch:

Für $A_1 = \{1\}$ und $A_2 = \{0\}$ ergibt sich:

$$\begin{aligned} \mathbb{P}(\{X_1 \in A_1\} \cap \{X_2 \in A_2\}) &= \mathbb{P}(\{2, 4\} \cap \{1, 2\}) = \mathbb{P}(\{2\}) = \frac{1}{4} \\ \mathbb{P}(\{X_1 \in A_1\}) \cdot \mathbb{P}(\{X_2 \in A_2\}) &= \mathbb{P}(\{2, 4\}) \cdot \mathbb{P}(\{1, 2\}) = \frac{1}{2} \cdot \frac{1}{2} = \frac{1}{4} \end{aligned}$$

Für $A_1 = \{0\}$ und $A_2 = \{1\}$ berechnen wir:

$$\begin{aligned} \mathbb{P}(\{X_1 \in A_1\} \cap \{X_2 \in A_2\}) &= \mathbb{P}(\{1, 3\} \cap \{3, 4\}) = \mathbb{P}(\{3\}) = \frac{1}{4} \\ \mathbb{P}(\{X_1 \in A_1\}) \cdot \mathbb{P}(\{X_2 \in A_2\}) &= \mathbb{P}(\{1, 3\}) \cdot \mathbb{P}(\{3, 4\}) = \frac{1}{2} \cdot \frac{1}{2} = \frac{1}{4} \end{aligned}$$

Für $A_1 = \{1\}$ und $A_2 = \{1\}$ erhalten wir:

$$\begin{aligned} \mathbb{P}(\{X_1 \in A_1\} \cap \{X_2 \in A_2\}) &= \mathbb{P}(\{2, 4\} \cap \{3, 4\}) = \mathbb{P}(\{4\}) = \frac{1}{4} \\ \mathbb{P}(\{X_1 \in A_1\}) \cdot \mathbb{P}(\{X_2 \in A_2\}) &= \mathbb{P}(\{2, 4\}) \cdot \mathbb{P}(\{3, 4\}) = \frac{1}{2} \cdot \frac{1}{2} = \frac{1}{4} \end{aligned}$$

Für alle Konstellationen der Ereignisse A_1 und A_2 erhalten wir die Unabhängigkeit von X_1 und X_2, sodass diese Zufallsvariablen unabhängig sind.

An dieser Stelle möchten wir zwei Folgerungen für unabh. Zufallsvariablen X und Y festhalten:

1. $\mathbb{E}[X \cdot Y] = \mathbb{E}[X] \cdot \mathbb{E}[Y]$.
2. $Cov(X, Y) = 0$
3. Sind X und Y unabhängig, so sind auch $f(X)$ und $g(Y)$ wieder unabhängig.

Diesen Abschnitt schließen wir damit ab, dass wir die erste Regel nachrechnen und besser verstehen. Dazu benutzen wir die soeben nachgewiesenen unabh. Zufallsvariablen X_1 und X_2.

Der Zielraum von beiden Zufallsvariablen ist durch $\{0, 1\}$ gegeben, sodass das Produkt $X_1 \cdot X_2$ ebenfalls nur Werte in $\{0, 1\}$ annimmt. Für das Produkt der Erwartungswerte berechnen wir die einzelnen Erwartungswerte durch:

$$\begin{aligned}
\mathbb{E}[X_1] &= \sum_{k=0}^{1} k \cdot \mathbb{P}(X_1 = k) = 0 \cdot \mathbb{P}(X_1 = 0) + 1 \cdot \mathbb{P}(X_1 = 1) = 1 \cdot \frac{1}{2} = \mathbb{P}(\{2, 4\}) = \frac{1}{2} \\
\mathbb{E}[X_2] &= \sum_{k=0}^{1} k \cdot \mathbb{P}(X_2 = k) = 0 \cdot \mathbb{P}(X_2 = 0) + 1 \cdot \mathbb{P}(X_2 = 1) = 1 \cdot \frac{1}{2} = \mathbb{P}(\{3, 4\}) = \frac{1}{2}
\end{aligned}$$

Für das Produkt $X_1 \cdot X_2$ ermitteln wir:

$$\begin{aligned}
\mathbb{E}[X_1 \cdot X_2] &= \sum_{k=0}^{1} k \cdot \mathbb{P}(X_1 \cdot X_2 = k) &&= 0 \cdot \mathbb{P}(X_1 \cdot X_2 = 0) + 1 \cdot \mathbb{P}(X_1 \cdot X_2 = 1) \\
&= 1 \cdot \mathbb{P}(\{X_1 = 1\} \cap \{X_2 = 1\}) &&= \mathbb{P}(\{2, 4\} \cap \{3, 4\}) \\
&= \mathbb{P}(\{4\}) &&= \frac{1}{4}
\end{aligned}$$

Insgesamt gilt daher, wie die Unabhängigkeit es erfordert, $\mathbb{E}[X_1] \cdot \mathbb{E}[X_2] = \frac{1}{2} \cdot \frac{1}{2} = \frac{1}{4} = \mathbb{E}[X_1 \cdot X_2]$.

3.5 Bedingte Wahrscheinlichkeiten

3.5.1 Einführung und Definition

Neben dem Eintritt eines speziellen Ereignisses interessieren wir uns für Wahrscheinlichkeiten, die bereits Informationen berücksichtigen sollen. Wollen wir beispielsweise mit drei Würfen zwei 6-en würfeln, so hat die Information, dass der erste Wurf bereits eine 6 ergeben hat, signifikanten Einfluss auf die verbleibende Wahrscheinlichkeit. Mathematisch definieren wir die bedingte Wahrscheinlichkeit durch

Einführung

> Seien $A, B \subset \Omega$ zwei Ereignisse mit $\mathbb{P}(B) > 0$, so nennen wir
>
> $$\mathbb{P}(A \mid B) = \frac{\mathbb{P}(A \cap B)}{\mathbb{P}(B)}$$
>
> die **bedingte Wahrscheinlichkeit** von A gegeben B bzw. unter der Bedingung B.

Diese Definition lässt sich sehr schön mit dem bereits getroffenen Prinzip der „günstigen durch möglichen Ausgänge“ intuitiv herleiten. Wir wissen, dass das Ereignis B bereits eingetreten ist und sind zusätzlich daran interessiert, wie wahrscheinlich das Eintreten eines Ereignisses A ist. Das bedeutet, die für uns günstigen möglichen Ausgänge liegen in der Menge $A \cap B$, denn durch die Bedingung müssen sie bereits in B liegen, und die möglichen Ausgänge können mit der gleichen Begründung nur jene aus B sein. Nach dem Prinzip „günstige durch mögliche Ereignisse“ folgt die Definition.

Baumdiagramm

bedingte Wahrscheinlichkeit

Ziegenproblem

4-Felder-Tafel

„Mathe mögen“

Betrachten wir erneut das obige Beispiel. Sei A das Ergebnis zwei 6-en in drei Würfen zu bekommen und B das Ereignis, dass im ersten Wurf eine 6 gewürfelt wurde. Dann ist $A \cap B$ das Ereignis, dass in drei Würfen zwei 6-en gewürfelt werden und der erste bereits eine 6 war.

Sprachlich übersetzen wir $\cap$ immer mit „*und*“.

Für die Wahrscheinlichkeit benötigen wir erneut die Anzahl von Elementen der Ereignisse

$$\begin{aligned}
|A \cap B| &= |\{(6,6,1),(6,6,2),\ldots,(6,6,5),(6,5,6)\ldots,(6,1,6)\}| = 10 \\
|B| &= |\{(6,\omega_1,\omega_2) : \omega_1,\omega_2 \in \{1,2,3,4,5,6\}\}| = 6 \cdot 6 = 36 \\
|\Omega| &= 6 \cdot 6 \cdot 6 = 216.
\end{aligned}$$

Damit folgt

$$\mathbb{P}(A \mid B) = \frac{\mathbb{P}(A \cap B)}{\mathbb{P}(B)} = \frac{\frac{10}{216}}{\frac{36}{216}} = \frac{10}{36} = \frac{5}{18}.$$

Natürlich lässt sich diese Aufgabe auch auf einem intuitiveren Weg lösen. Durch die Gewissheit, dass der erste Wurf eine 6 ergeben hat, ist die Fragestellung äquivalent zu „Wie wahrscheinlich ist es, mit zwei Würfen (hier dem zweiten und dritten Wurf) genau eine 6 zu werfen?“. Beim zweifachen Wurf hätten wir insgesamt 36 mögliche Ausgänge in unserer Menge Ω und durch Abzählen zehn günstige Ereignisse.

Ebenso kann in einer Aufgabe die bedingte Wahrscheinlichkeit und eine Fragestellung nach der gemeinsamen Wahrscheinlichkeit, dem Zähler *i*), oder nach der Wahrscheinlichkeit des bedingenden Ereignisses, dem Nenner *ii*), gegeben sein. Dazu stellt man die obige Formel zur gesuchten Größe um:

$$\begin{aligned}
i) \quad \mathbb{P}(A \cap B) &= \mathbb{P}(A \mid B) \cdot \mathbb{P}(B) \\
ii) \quad \mathbb{P}(B) &= \frac{\mathbb{P}(A \cap B)}{\mathbb{P}(A \mid B)}
\end{aligned}$$

Pfadregel

Der Zusammenhang *i*) ist auch unter dem **elementaren Multiplikationssatz** bekannt und illustriert das pfadweise Multiplizieren eines Entscheidungsbaums. Teilweise wird dieser auch in allgemeinerer Form notiert:

Multiplikationssatz (allgemein)
Seien $A_1, \ldots, A_n$ beliebige Zufallsereignisse, dann gilt

$$\mathbb{P}\left(\bigcap_{i=1}^{n} A_i\right) = \mathbb{P}(A_1) \cdot \mathbb{P}(A_2 \mid A_1) \cdot \mathbb{P}(A_3 \mid A_1 \cap A_2) \cdot \ldots \cdot \mathbb{P}(A_n \mid A_1 \cap \ldots \cap A_{n-1}).$$

3.5.2 Satz der totalen Wahrscheinlichkeit

Der Satz der totalen Wahrscheinlichkeit hilft uns, für ein Ereignis A die „totale" Wahrscheinlichkeit $\mathbb{P}(A)$ in Abhängigkeit von bedingten Wahrscheinlichkeiten zu bestimmen. In zunächst elementarer Form gilt:

Satz der totalen Wahrscheinlichkeit (elementar)
Seien $A, B \subset \Omega$ zwei beliebige Ereignisse, dann gilt

$$\mathbb{P}(A) = \mathbb{P}(A \mid B) \cdot \mathbb{P}(B) + \mathbb{P}(A \mid B^c) \cdot \mathbb{P}(B^c).$$

Rufen wir uns den Zusammenhang $\mathbb{P}(A \cap B) = \mathbb{P}(A \mid B) \cdot \mathbb{P}(B)$ aus dem letzten Abschnitt in Erinnerung, so folgt der Satz direkt mit der Beziehung $A = (A \cap B) \cup (A \cap B^c)$ (s. Übungsaufgaben).

Beispiel: Satz der totalen Wahrscheinlichkeit (1)
Betrachten wir dazu folgendes Beispiel. Ein Supermarkt bezieht Tomaten von zwei Bauern B_1 und B_2. Dabei sind 70% der Tomaten von B_1 und 30% von Bauer B_2. Die Wahrscheinlichkeit, exzellente Tomaten von Bauer B_1 zu bekommen, liegt bei 20%, während diese Wahrscheinlichkeit bei Bauer B_2 bei 10% liegt. Wie viele exzellente Tomaten kann der Supermarkt bei einem Einkauf von 1000 Stück erwarten?

Zunächst halten wir fest, dass die Wahrscheinlichkeit, dass eine Tomate nicht von Bauer B_1 stammt, also $\mathbb{P}(B_1^c)$, mit der Wahrscheinlichkeit, dass die Tomate von Bauer B_2 geliefert wurde, übereinstimmt. Mit dem Satz der totalen Wahrscheinlichkeit folgt

$$\mathbb{P}(A) = \mathbb{P}(A \mid B_1) \cdot \mathbb{P}(B_1) + \mathbb{P}(A \mid B_1^c) \cdot \mathbb{P}(B_1^c) = 0{,}2 \cdot 0{,}7 + 0{,}1 \cdot 0{,}3 = 0{,}14 + 0{,}03 = 0{,}17.$$

Da 17% der Tomaten exzellent sind, kann der Supermarkt 170 solcher Tomaten in der nächsten Lieferung erwarten.

Die allgemeine Version der totalen Wahrscheinlichkeit bezieht sich nun nicht nur auf ein bedingendes Ereignis B und dessen Komplement B^c, sondern auf beliebig viele Ereignisse, welche die Menge Ω widerspiegeln. Es gilt:

Satz der totalen Wahrscheinlichkeit (allgemein)
Sei $A \subset \Omega$ ein beliebiges Ereignis und $(B_i)_{i \in \mathbb{N}}$ eine Folge von paarweise disjunkter Mengen $B_i \subset \Omega$ mit der Eigenschaft

$$\bigcup_{i=1}^{\infty} B_i = \Omega,$$

so gilt

$$\mathbb{P}(A) = \sum_{i=1}^{n} \mathbb{P}(A \mid B_i) \cdot \mathbb{P}(B_i).$$

Paarweise disjunkt heißt, dass für jedes $j \neq k$ stets $B_j \cap B_k = \emptyset$ gilt.

Wir sehen, dass der elementare Fall gerade ein Spezialfall der allgemeinen Version ist, wenn wir $B_1 = B$, $B_2 = B^c$ und $B_i = \emptyset$ für $i \geq 3$ setzen.

Beispiel: Satz der totalen Wahrscheinlichkeit (2)
Betrachten wir zur Veranschaulichung folgendes Beispiel. Wir haben einen längeren Urlaub erleben dürfen und sind durch vier verschiedene Länder gereist. In jeder dieser Länder waren wir jedoch der Gefahr einer Infektion mit einer gefährlichen Krankheit ausgesetzt. Im ersten Land schätzt man die Ansteckungswahrscheinlichkeit auf 1%, im zweiten auf 2%, im dritten auf 3% sowie im letzten auf 4%. Innerhalb unseres Urlaubs haben wir 10% unserer Zeit im ersten Land, 20% im zweiten, 30% im dritten und 40% im vierten Land verbracht. Wie war nun insgesamt die Ansteckungswahrscheinlichkeit?

Mit dem Satz der totalen Wahrscheinlichkeit folgt

$$\mathbb{P}(A) = 1\% \cdot 10\% + 2\% \cdot 20\% + 3\% \cdot 30\% + 4\% \cdot 40\% = 0{,}001 + 0{,}004 + 0{,}009 + 0{,}0016 = 0{,}03.$$

Die Wahrscheinlichkeit einer Ansteckung lag also bei 3%.

3.5.3 Formel von Bayes

Erklärung

Schreibweisen

In diesem Abschnitt befassen wir uns mit der sogenannten Formel von Bayes. Diese hilft uns bei der Lösung des Problems, dass wir eine bedingte Wahrscheinlichkeit wissen, aber an der umgekehrten Bedingung interessiert sind.

Formel von Bayes
Seien zwei Ereignisse $A, B \subset \Omega$ gegeben und $\mathbb{P}(B) > 0$, dann gilt

$$\mathbb{P}(A \mid B) = \frac{\mathbb{P}(B \mid A) \cdot \mathbb{P}(A)}{\mathbb{P}(B)}.$$

Als Beispiel betrachten wir folgende Problemstellung.

Beispiel: Formel von Bayes (1)
Ein Unternehmen stellt Studierende nach mehreren Kriterien ein und es gebe nur Absolventen von zwei Universitäten. Wir nehmen an, dass zwei Drittel der Bewerber an der Universität U_1 studiert haben und ein Drittel an der Universität U_2. Die Quote bei Absagen von Bewerbungen liegt bei Universität U_1 bei 10%, während sie bei Universität U_2 bei 20% liegt. Wie hoch ist die Wahrscheinlichkeit, dass ein abgelehnter Bewerber an der Universität U_1 studiert hat?

Wir definieren zunächst die beiden Ereignisse

A: Die Person hat an Universität U_1 studiert.

B: Der Bewerber wurde abgelehnt.

Dann gilt

$$\mathbb{P}(B \mid A) = 10\%$$

$$\mathbb{P}(A) = \frac{2}{3}$$

$$\mathbb{P}(B) = \frac{2}{3} \cdot 10\% + \frac{1}{3} \cdot 20\% = \frac{2}{15},$$

wobei $\mathbb{P}(B)$ hier und **regelmäßig** bei diesen Aufgabenstellungen mit Hilfe des Satzes der totalen Wahrscheinlichkeit berechnet wurde. Letztlich folgt mit der Formel von Bayes

$$\mathbb{P}(\text{Hat an der Uni } U_1 \text{ studiert} \mid \text{Wurde abgelehnt}) = \mathbb{P}(A \mid B) = \frac{\mathbb{P}(B \mid A) \cdot \mathbb{P}(A)}{\mathbb{P}(B)} = \frac{10\% \cdot \frac{2}{3}}{\frac{2}{15}} = 50\%.$$

Die Formel von Bayes lässt sich ebenfalls auf mehr als zwei Mengen verallgemeinern. Im Falle von paarweise disjunkten Mengen $A_1, \ldots, A_n \subset \Omega$ mit $\bigcup_{i=1}^{n} A_i = \Omega$ erhalten wir optisch die gleiche Formel von Bayes

$$\mathbb{P}(A \mid B) = \frac{\mathbb{P}(B \mid A) \cdot \mathbb{P}(A)}{\mathbb{P}(B)},$$

berechnen den Nenner allerdings mit der allgemeinen Version des Satzes der totalen Wahrscheinlichkeit:

$$\mathbb{P}(A \mid B) = \frac{\mathbb{P}(B \mid A) \cdot \mathbb{P}(A)}{\sum_{i=1}^{n} \mathbb{P}(B \mid A_i) \cdot \mathbb{P}(A_i)}$$

Beispiel (1)

Beispiel (2)

Beispiel (3)

Beispiel (4)

Beispiel: Formel von Bayes (2)

Betrachten wir erneut eine Universität U, an welcher der Teil der Studierenden, die eine Rechtswissenschaft studieren bei 25% liege. 35% studieren auf Lehramt und 40% studieren ein geisteswissenschaftliches Fach. Bei den Rechtswissenschaften schafft ein Viertel der Studierenden sein Examen, bei Lehramt sind es 50% und bei den Geisteswissenschaften 80%. Wie viel Prozent aller Studierenden schaffen ihr Examen und wie groß ist die Wahrscheinlichkeit, dass ein Studierender mit Examen auf Lehramt studiert hat?

Zunächst übersetzen wir den Text in Mathematik und geben die Wahrscheinlichkeiten an. Es ist:

A = Ein Studierender studiert eine Rechtswissenschaft

B = Ein Studierender studiert auf Lehramt

C = Ein Studierender studiert eine Geisteswissenschaft

E = Ein Studierender schafft sein Examen

Mit dem Satz der totalen Wahrscheinlichkeit erhalten wir den prozentualen Anteil der Studierenden, die ihre Examen schaffen. Es gilt:

$$\begin{aligned}
\mathbb{P}(E) &= \mathbb{P}(E \mid A) \cdot \mathbb{P}(A) + \mathbb{P}(E \mid B) \cdot \mathbb{P}(B) + \mathbb{P}(E \mid C) \cdot \mathbb{P}(C) \\
&= 0{,}25 \cdot 0{,}25 + 0{,}5 \cdot 0{,}35 + 0{,}8 \cdot 0{,}4 \\
&= 0{,}5575
\end{aligned}$$

Mit Hilfe der Gesamtwahrscheinlichkeit E und der Formel von Bayes erhalten wir die Wahrscheinlichkeit $\mathbb{P}(B \mid E)$, dass ein Studierender mit erfolgreichem Examen auf Lehramt studiert hat:

$$\begin{aligned}\mathbb{P}(B \mid E) &= \frac{\mathbb{P}(E \mid B) \cdot \mathbb{P}(B)}{\mathbb{P}(E)} \\ &= \frac{0{,}5 \cdot 0{,}35}{0{,}5575} \\ &\approx 31{,}39\%.\end{aligned}$$

3.6 Aufgaben

Aufgabe 20: (Level: 🎓)
Bestimme, ob es sich bei den folgenden Funktionen um Zähldichten handelt.

Lösungen

a) $f : \{0, 1, 2\} \to \mathbb{R}$ mit $f(0) = \frac{1}{4}$, $f(1) = \frac{1}{5}$ und $f(2) = \frac{1}{2}$

b) $f : \{0\} \to \mathbb{R}$ mit $f(0) = 1$

c) $f : \{0, 1, 2, 3, 4, 5\} \to \mathbb{R}$ mit $f(0) = \frac{1}{4}$, $f(1) = \frac{1}{4}$, $f(2) = -\frac{1}{4}$, $f(3) = \frac{1}{4}$, $f(4) = \frac{1}{4}$ und $f(5) = \frac{1}{4}$

Aufgabe 21: (Level: 🎓🎓)
Weise nach, dass es sich bei der Funktion mit $f : \{0, ..., n\} \to [0, 1]$ mit

$$f(k) = \frac{2 \cdot k}{n \cdot (n+1)}$$

um eine Zähldichte handelt.

Aufgabe 22: (Level: 🎓)
Sei mit $f : \{1, 2, 3, 4\} \to \mathbb{R}$ und $f(k) = \dfrac{k^2}{30}$ eine Zähldichte zu einer Zufallsvariable X gegeben. Berechne:

a) $f(1)$

b) $\mathbb{P}(X = 4)$

c) $\mathbb{P}(X \in \{2, 3\})$

Warum kann die 30 im Nenner nicht weggelassen werden?

Aufgabe 23: (Level: 🎓🎓)
Sei X eine Zufallsvariable. Wir werfen eine Münze und einen Würfel. X ergibt bei „Kopf" die gewürfelte Augenzahl mit dem Faktor 2 multipliziert und bei „Zahl" die Augenzahl um 1 erhöht.

a) Welche Werte kann X annehmen?

b) Bestimme die Zähldichte von X.

Aufgabe 24: (Level: 🎓)
Bestimme, ob es sich bei den folgenden Funktionen um diskrete Verteilungsfunktionen handelt und begründe jeweils deine Entscheidung.

a) $F(t) = \begin{cases} \frac{1}{4} & \text{für } t < 0 \\ \frac{1}{2} & \text{für } 0 \leq t < 2 \\ 1 & \text{für } 2 \leq t \end{cases}$

c) $F(t) = \begin{cases} 0 & \text{für } t < 1 \\ \frac{1}{2} & \text{für } 1 \leq t < 3 \\ 2 & \text{für } 3 \leq t \end{cases}$

b) $F(t) = \begin{cases} 0 & \text{für } t < 0 \\ \frac{2}{3} & \text{für } 0 \leq t < 1 \\ \frac{1}{2} & \text{für } 1 \leq t < 2 \\ 1 & \text{für } 2 \leq t \end{cases}$

d) $F(t) = \begin{cases} 0 & \text{für } t < 0 \\ \frac{3}{5} & \text{für } 0 \leq t \leq 1 \\ \frac{2}{3} & \text{für } 1 < t < 2 \\ 1 & \text{für } 2 \leq t \end{cases}$

Aufgabe 25: (Level:)
Weise nach, dass es sich bei der Funktion

$$F(t) = \begin{cases} 0 & \text{für } t < -2 \\ \frac{1}{4} & \text{für } -2 \leq t < 2 \\ \frac{1}{2} & \text{für } 2 \leq t < 4 \\ 1 & \text{für } 4 \leq t \end{cases}$$

um eine diskrete Verteilungsfunktion handelt. Wie lautet die dazugehörige Zähldichte?

Aufgabe 26: (Level:)
Stelle für die folgenden Zähldichten die zugehörige Verteilungsfunktion auf.

a) $f : \{0, 1, 2\} \to [0,1]$ mit $f(0) = f(1) = f(2) = \frac{1}{3}$.

b) $f : \{1,2,3,4,5\} \to [0,1]$ und $f(k) = \frac{k^2}{55}$.

Aufgabe 27: (Level:)
Sei für eine diskrete Zufallsvariable X die Verteilungsfunktion

$$F_X(t) = \begin{cases} 0 & \text{für } t < 0 \\ \frac{1}{5} & \text{für } 0 \leq t < 1 \\ \frac{1}{4} & \text{für } 1 \leq t < 2 \\ \frac{1}{3} & \text{für } 2 \leq t < 3 \\ 1 & \text{für } 3 \leq t \end{cases}$$

gegeben. Berechne die Ausdrücke $\mathbb{P}(X \leq 2{,}6)$, $\mathbb{P}(X > 2)$ und $\mathbb{P}(-1 < X < 2)$.

Aufgabe 28: (Level:)
Sei $f : \{1, 2, 3, 4, 5\} \to [0,1]$ mit $f(1) = f(2) = \frac{1}{6}$ und $f(4) = f(5) = \frac{1}{4}$ gegeben. Wie muss der Wert $f(6)$ lauten, damit es sich bei f um eine Zähldichte handelt? Berechne anschließend den Erwartungswert und die Varianz der Zufallsvariable X mit dieser Zähldichte.

Aufgabe 29: (Level:)
Gegeben sei eine Zähldichte $f : \{-2, -1, 0, 1, 2\} \to [0,1]$ zu einer Zufallsvariable X mit

$$f(-2) = \frac{1}{6},\ f(-1) = \frac{1}{5},\ f(0) = \frac{1}{4},\ f(1) = \frac{1}{3},\ f(2) = \frac{1}{20}.$$

Wie lautet die Zähldichte zur Zufallsvariable Y mit $Y = |X+1|$? Berechne anschließend den Erwartungswert mit Hilfe des Transformationssatzes und mit der Zufallsvariable Y.

Aufgabe 30: (Level:)
Sei $f : \{1, 2, 3, 4\} \to [0,1]$ eine Zähldichte zu einer diskreten Zufallsvariable X mit $f(1) = \frac{1}{2}$ und $f(2) = f(3) = f(4) = \frac{1}{6}$. Berechne die folgenden Ausdrücke:

a) $Var(2 \cdot X - 1)$

b) $\mathbb{E}[X^2 - 2 \cdot X]$

Aufgabe 31: (Level:)
Sei für eine diskrete Zufallsvariable X die Verteilungsfunktion

$$F_X(t) = \begin{cases} 0 & \text{für } t < 1 \\ \frac{1}{100} & \text{für } 1 \leq t < 3 \\ \frac{1}{10} & \text{für } 3 \leq t < 5 \\ \frac{1}{2} & \text{für } 5 \leq t < 10 \\ 1 & \text{für } 10 \leq t \end{cases}$$

gegeben. Berechne die Ausdrücke:

a) $\mathbb{P}_X(5)$

b) $\mathbb{P}_X(2,5)$

c) $\mathbb{P}(X > 2)$

d) $\mathbb{P}(X \geq 2)$

e) $\mathbb{P}(0 < X < 4,5)$

f) $\mathbb{P}(-2 \leq X \leq 3)$

Aufgabe 32: (Level:)
Bestimme, ob es sich bei den folgenden Funktionen um Wahrscheinlichkeitsdichten handelt.

a) $f(x) = \frac{x+1}{4} \cdot \mathbb{1}_{[-2,2]}(x)$

b) $f(x) = \mathbb{1}_{[0,1)}(x)$

c) $f(x) = \mathbb{1}_{[1,\infty)}(x) \cdot \frac{1}{x^2}$

d) $f(x) = x \cdot \mathbb{1}_{[1,3]}(x)$

Aufgabe 33: (Level:)
Bestimme, ob es sich bei den folgenden Funktionen um Verteilungsfunktionen handelt.

a) $F(t) = \frac{1}{t} \cdot \mathbb{1}_{[1,\infty)}(t)$

b) $F(t) = (1 - 2 \cdot e^{-2t}) \cdot \mathbb{1}_{[0,\infty)}(t)$

Aufgabe 34: (Level:)
Für welches $c \in \mathbb{R}$ ist

$$F(t) = \begin{cases} 0 & \text{für } t < 0 \\ c \cdot t^2 & \text{für } 0 \leq t < 2 \\ 1 & \text{für } 2 \leq t \end{cases}$$

eine Verteilungsfunktion und weshalb?

Aufgabe 35: (Level:)
Sei

$$F(t) = \begin{cases} 0 & \text{für } t < 0 \\ \frac{x}{4} & \text{für } 0 \leq t < 2 \\ \frac{1}{2} + \frac{x^3}{128} & \text{für } 2 \leq t < 4 \\ 1 & \text{für } 4 \leq t \end{cases}$$

eine Verteilungsfunktion einer Zufallsvariable X. Berechne $F(1)$, $\mathbb{P}(X > 3)$ und $\mathbb{P}(X < 4)$.

Aufgabe 36: (Level:)
Sei

$$f(x) = \begin{cases} 0 & \text{für } t < 0 \\ x & \text{für } 0 \leq t < 1 \\ \frac{1}{x} & \text{für } 1 \leq t < c \\ 0 & \text{für } c \leq t \end{cases}.$$

Für welches $c \in \mathbb{R}$ handelt es sich bei f um eine Dichte? Wie sieht für dieses c die zugehörige Verteilungsfunktion aus?

Aufgabe 37: (Level:)
Sei X eine Zufallsvariable mit der Verteilungsfunktion

$$F_X(t) = \begin{cases} 0 & \text{für } t < 0 \\ t - \frac{t^3 - t^2}{3} & \text{für } 0 \leq t < 1 \\ 1 & \text{für } 1 \leq t \end{cases}$$

Berechne die zugehörige Dichte $f_X(x)$ und den Erwartungswert $\mathbb{E}[X]$.

Aufgabe 38: (Level:)
Sei $f(x) = \frac{1}{24} \cdot x^2 \cdot \mathbb{1}_{[-2,4]}(x)$ eine Dichte einer Zufallsvariable X.

a) Wie hoch ist die Wahrscheinlichkeit, dass X zwischen 1 und 3 liegt?

b) Berechne $\mathbb{E}\left[X^2\right]$ und $\mathbb{E}[2 \cdot X + 1]$.

c) Wie groß ist die Varianz von X?

Aufgabe 39: (Level:)
Seien $b, c > 0$ und $a > 1$ sowie eine Funktion f mit

$$f(x) = c \cdot x^{-a} \cdot 1_{[b,\infty[}(x)$$

gegeben.

a) Für welches c ist f eine Wahrscheinlichkeitsdichte?

b) Berechne für dieses c die zugehörige Verteilungsfunktion.

c) Sei f für $b = 1$ die Dichte einer Zufallsvariable. Wann existiert der Erwartungswert von X und wie groß ist er?

Aufgabe 40: (Level:)
Sei $F_X : \mathbb{R} \to \mathbb{R}$ eine Funktion mit $F_X(t) = \exp(-\exp(-t))$.

a) Zeige, dass F eine Verteilungsfunktion ist. Besitzt F eine Dichte?

b) Sei X die zugehörige Zufallsvariable mit Verteilungsfunktion $F_X(t)$ und $Y = e^X$. Bestimme die Verteilungsfunktion und den Erwartungswert von der Zufallsvariablen Y.

Aufgabe 41: (Level:)
Weise nach, dass es sich bei der folgenden Funktion um eine Dichte handelt.

$$f(x) = \frac{e^{-x}}{(1 + e^{-x})^2}$$

Bestimme die zugehörige Verteilungsfunktion.

Aufgabe 42: (Level:)
In einer Urne liegen 3 rote, 4 grüne und 5 gelbe Kugeln und es werden drei von ihnen gezogen. Zeige oder widerlege!

a) Wir ziehen mit Zurücklegen: Die Ereignisse „Die erste gezogene Kugel ist rot“ und „Die letzte gezogene Kugel ist rot“ sind unabhängig.

b) Wir ziehen ohne Zurücklegen: Die Ereignisse „Die erste gezogene Kugel ist rot“ und „Die letzte gezogene Kugel ist rot“ sind unabhängig.

Aufgabe 43: (Level:)
Sei $\Omega = \{1, 2, 3, 4, 5, 6\}$, $A = \{1, 3\}$, $B = \{2, 4\}$ und $C = \{3, 4\}$. Sei zudem ein Wahrscheinlichkeitsmaß $\mathbb{P}$ mit

$$\mathbb{P}(\{1\}) = \frac{1}{9},\ \mathbb{P}(\{2\}) = \frac{1}{9},\ \mathbb{P}(\{3\}) = \frac{1}{18},\ \mathbb{P}(\{4\}) = \frac{5}{18},\ \mathbb{P}(\{5\}) = \frac{3}{9},\ \mathbb{P}(\{6\}) = \frac{1}{9},$$

gegeben. Überprüfe, ob die Ereignisse A, B und C paarweise unabhängig sind.

Aufgabe 44: (Level:)
Zeige oder widerlege: Sind zwei Zufallvariablen X und Y gegeben, so sind X und Y unabhängig, falls gilt:

$$\mathbb{E}[X \cdot Y] = \mathbb{E}[X] \cdot \mathbb{E}[Y]$$

Aufgabe 45: (Level:)
Seien $A = \{1, 2, 3, 4, 5\}$ sowie $B_1 = \{1, 2, 6, 7\}$ und $B_2 = \{0, 3, 4, 5, 8\}$ gegeben. Zudem sei $\Omega = \{0, 1, 2, 3, 4, 5, 6, 7, 8\}$ und $\mathbb{P}$ das Wahrscheinlichkeitsmaß des Laplaceraums, also $\mathbb{P}(A) = \frac{|A|}{|\Omega|}$. Berechne:

a) $\mathbb{P}(A \mid B_1)$ und $\mathbb{P}(A \mid B_2)$.

b) $\mathbb{P}(B_1 \mid A)$ mit Hilfe des Satzes von Bayes.

Aufgabe 46: (Level:)
Ein Team untersuchte das Durchhaltevermögen bei Kindern mit Hilfe des Marshmallow-Tests. Einem Kind wurde ein Marshmallow angeboten und versprochen, wenn es diesen in den nächsten Minuten nicht isst, erhält es einen weiteren. 6 von 10 der Kinder schafften oder wollten nicht auf den weiteren Marshmallow warten, und aßen den ersten. 10% dieser Kinder erhielt später einen 1er Schnitt im Abitur. Bei den Kindern, die auf den zweiten Marshmallow gewartet haben, kam die Hälfte auf einen 1er Schnitt im Abitur.

a) Wie viel Prozent der Kinder erhielten insgesamt einen 1er Schnitt im Abitur?

b) Mit welcher Wahrscheinlichkeit hat eine Person mit 1er Schnitt den ersten Marshmallow gegessen, ohne ausreichend auf den zweiten zu warten?

Aufgabe 47: (Level:)
Ein Bauer besitzt ein Feld mit Apfelbäumen sowie eines mit Birnenbäumen. Ein Kunde bestellt 100 Kartons Äpfel und in der Lieferung befinden sich fälschlicherweise 5 Kartons mit Birnen. Für das erste Befüllen der Bestände benötigt der Kunde 4 Kartons. Wie groß ist die Wahrscheinlichkeit, dass alle Kartons mit Äpfeln gefüllt sind?

Aufgabe 48: (Level:)
Ein Team untersucht den Einfluss von frühem Fernsehen und der Notwendigkeit einer Brille. In einer Stichprobe von 100 Personen gab die Hälfte der 40 Brillenträger an, dass sie bereits sehr früh mit viel Fernsehen aufgewachsen sind, während dieser Anteil bei den Personen ohne Brille nur ein Viertel beträgt. Wie groß ist die Wahrscheinlichkeit, dass eine Person, die früh viel Fernsehen geschaut hat, heute eine Brille trägt?

Aufgabe 49: (Level:)
Bei einer Musiktalentshow haben empirische Untersuchungen ergeben, dass im Mittel 3 von 10 unter 25-jährigen ohne Gesangsunterricht eine Runde weiterkommen. Bei den unter 25-jährigen mit Gesangsunterricht waren es 5 von 10, bei den über 24-jährigen ohne Gesangsunterricht nur 1 von 10 und bei den über 24-jährigen mit Gesangsunterricht 6 von 10. Bei einer neuen Staffel nehmen 200 Personen teil, dabei sind 80 unter 25 ohne Gesangsunterricht, 40 unter 25 mit Gesangsunterricht, 60 über 24 ohne Gesangsunterricht und 20 über 24 mit Gesangsunterricht.

a) Wie viele Personen erreichen die nächste Runde, wenn wir für diese Staffel die empirischen Untersuchungen anwenden?

b) Wie groß ist die Wahrscheinlichkeit, dass eine Person, die weitergekommen ist, keinen Gesangsunterricht genommen hat?

Aufgabe 50: (Level:)
Ein Dozent stellt fest, dass er noch eine Klausur zu korrigieren hat. Leider hat er bereits das ein oder andere alkoholische Getränk intus und setzt sich dennoch an die Arbeit. Durch den Alkohol arbeitet er leider nicht fehlerfrei und es gilt:

- Eine richtige Lösung wird zu 98% als richtig bewertet.
- Ein Fehler in einer Lösung wird zu 95% als Fehler erkannt.
- Die Wahrscheinlichkeit, dass eine Lösung einen Fehler enthält liege bei 8%.

Berechne die Wahrscheinlichkeiten der folgenden Ereignisse:

a) Ein vom Dozenten gefundener Fehler ist wirklich ein Fehler.

b) Eine vom Dozenten als korrekt bewertete Lösung ist tatsächlich richtig.

c) Eine vom Dozenten als korrekt bewertete Lösung ist in Wahrheit falsch.

Aufgabe 51: (Level:)
In einer Klausur gibt es einen größeren Multiple-Choice Teil mit jeweils sechs Möglichkeiten. Der Lehramtsstudierende überlegt sich folgendes Verfahren: Wenn er die Antwort weiß, kreuzt er die richtige Antwort an. Weiß er sie nicht, würfelt er einen fairen sechsseitigen Würfel und kreuzt die Antwort des Würfels an. Die Wahrscheinlichkeit, dass der Lehramtsstudierende die Antwort auf eine Frage weiß, liege bei 0,75.

a) Wie viele Fragen sollte der Studierende in etwa richtig beantwortet haben, wenn der Test 96 Fragen beinhaltet?

b) Wie groß ist die Wahrscheinlichkeit, dass eine korrekt angekreuzte Frage vom Lehramtsstudierenden gewusst wurde?

4 Spezielle Verteilungen

4.1 Spezielle diskrete Verteilungen

In der Praxis haben sich mehrere diskrete Verteilungen bewährt, welche regelmäßig zur Modellierung benutzt werden. Um die Kommunikation zu vereinfachen und um diverse bereits eingeführte Größen wie den Erwartungswert oder die Varianz nicht stets ausrechnen zu müssen, wurden für diese Verteilungen Bezeichnungen und explizite Formeln festgelegt. In diesem Abschnitt gehen wir die gängigsten Verteilungen durch und betrachten die Anwendungsfelder inklusive Schlüsselwörter.

4.1.1 Diskrete Gleichverteilung

In diesem Abschnitt befassen wir uns mit der diskreten Gleichverteilung. Diese lässt sich in Abhängigkeit der zugrunde liegenden Menge auf verschiedene Weise definieren. Wir geben zunächst eine allgemeine Definition an und ergänzen diese um einen gängigen Spezialfall, welchen wir genauer studieren.

> Wir sagen eine Zufallsvariable X ist **diskret gleichverteilt**, wenn für $n \in \mathbb{N}$ die Elementarereignisse $t_1, ..., t_n$ gleichwahrscheinlich sind. Für die Zähldichte gilt demnach
>
> $$f(\{t_j\}) = \mathbb{P}(X = t_j) = \frac{1}{n}, \quad j \in \{1, ..., n\}$$
>
> sowie für die Verteilungsfunktion
>
> $$F_X(t) = \mathbb{P}(X \leq t) = \frac{\text{Anzahl der Werte kleiner gleich } t}{n} = \frac{|\{j \mid t_j \leq t\}|}{n}.$$
>
> In diesem Fall schreiben wir kurz $X \sim U_{\{t_1,...,t_n\}}$.

In vielen Fällen sind die Punkte $t_1, ..., t_n$ entweder ganze oder natürliche Zahlen zwischen a und b mit $a < b$ und $a, b \in \mathbb{Z}$. In diesen Fällen schreiben wir $X \sim U(a, b)$ (sprich: *X ist gleichverteilt auf* $[a, b]$). Als Parameter n erhalten wir $n = b - a + 1$. Für diese Variante der Gleichverteilung gilt

$$f(\{k\}) = \mathbb{P}(X = k) = \frac{1}{n} = \frac{1}{b - a + 1}, \quad k \in \{a, a + 1 ..., b\}$$

sowie

$$F_X(t) = \mathbb{P}(X \leq t) = \frac{\lfloor t \rfloor - a + 1}{n} = \frac{\lfloor t \rfloor - a + 1}{b - a + 1}$$

Beispiel: Diskrete Gleichverteilung (1)
Betrachten wir als Beispiel die Punkte $\{0,1,2,3,4,5\}$. Dies liefert uns $n = 5 - 0 + 1 = 6$ und folgende Zähldichte:

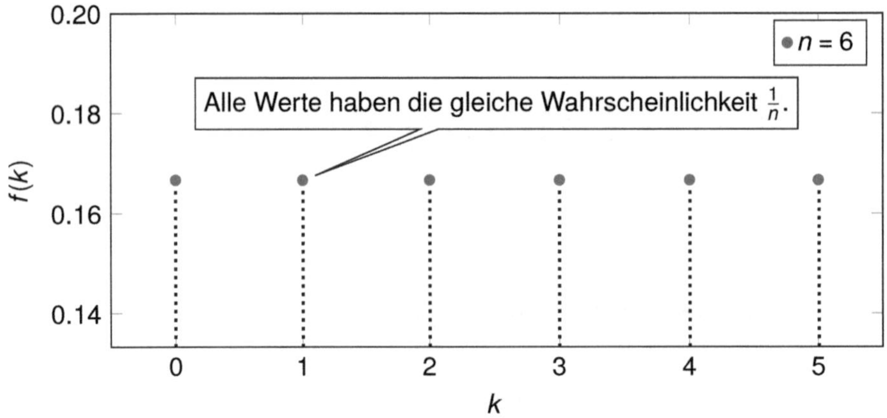

Charakterisierend sehen wir, dass jedem Wert $k \in \{0,1,2,3,4,5\}$ die gleiche Wahrscheinlichkeit $\mathbb{P}(X = k) = \frac{1}{n} = \frac{1}{6}$ zugeordnet wird. Ebenso erkennen wir die Eigenschaft von diskreten Verteilungen, dass bei der Zähldichte „Lücken" zwischen den einzelnen Punkten liegen. Die zugehörige Verteilungsfunktion für $n = 6$ beschreibt das nächste Diagramm:

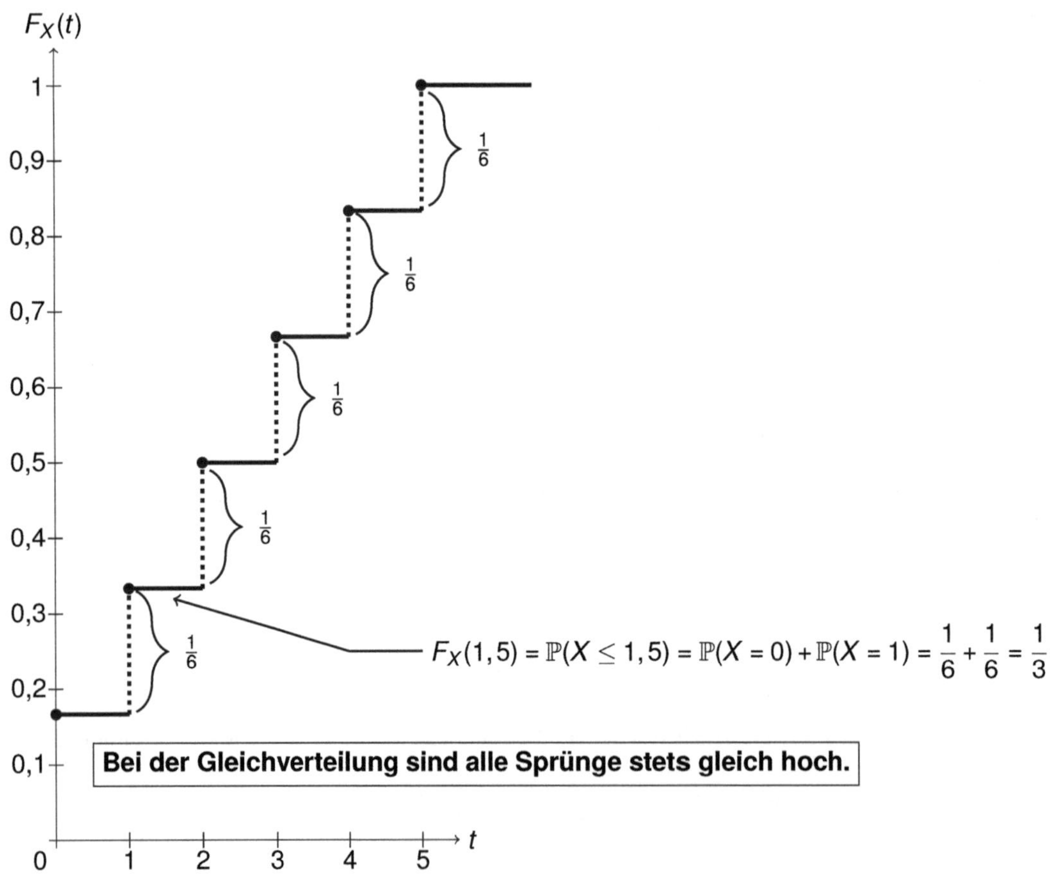

Im Folgenden sei $X \sim U(a,b)$, da man im allgemeinen Fall keine zusätzlichen Informationen erhält.

Es folgt

$$\mathbb{E}[X] = \frac{a+b}{2} \qquad Var(X) = \frac{n^2-1}{12} \qquad v(X) = 0$$

Wie bei der Definition bereits erwähnt, kommt die Gleichverteilung stets dann zum Einsatz, wenn es sich im Experiment um endlich viele gleichwahrscheinliche Elementarereignisse handelt. Ein solches Beispiel haben wir auf den vorangegangenen Seiten mehrfach angeführt: der Wurf eines fairen Würfels, Wurf einer fairen Münze etc. Mit den Formeln lassen sich die zuvor errechneten Werte des Erwartungswerts und der Varianz überprüfen. Sei $X \sim U(1,6)$, so gilt

$$\begin{aligned} f(k) &= \frac{1}{n} &&= \frac{1}{6} \\ F_X(t) &= \frac{\lfloor t \rfloor - 1 + 1}{6-1+1} &&= \frac{\lfloor t \rfloor}{6} \\ \mathbb{E}[X] &= \frac{1+6}{2} &&= 3,5 \\ Var(X) &= \frac{6^2-1}{12} &&= \frac{35}{12} \end{aligned}$$

Beachte: Bei einem gezinkten Würfel sind die Elementarereignisse nicht mehr gleich wahrscheinlich und somit nicht gleichverteilt!

Beispiel: Diskrete Gleichverteilung (2)
Sam und Lisa spielen ein Spiel mit ihrer kleinen Tochter. Diese darf einen fairen 10-seitigen Würfel werfen und wenn die gewürfelte Zahl größer oder gleich 8 ist, darf sie ein Stück Schokolade essen, bei einer Zahl kleiner als 7 gibt es leider nur ein Stück eines (trotzdem sehr leckeren) Apfels. Wie hoch ist die Wahrscheinlichkeit, dass

1. die Tochter ein Stück Schokolade essen darf?
2. die Tochter ein Stück Apfel essen darf?

Als Modell wählen wir $X \sim U(1,10)$ und erhalten

1. für die Wahrscheinlichkeit, ein Stück Schokolade essen zu dürfen:

$$\mathbb{P}(X \geq 8) = 1 - \mathbb{P}(X < 8) = 1 - F_X(7) = 1 - \frac{7-1+1}{10-1+1} = 1 - \frac{7}{10} = \frac{3}{10} = 30\%$$

2. für die Wahrscheinlichkeit, ein Stück Apfel essen zu dürfen:

$$\mathbb{P}(X < 8) = F_X(7) = \frac{7-1+1}{10-1+1} = \frac{7}{10} = 70\%.$$

4.1.2 Bernoulli-Verteilung

Sei X eine Zufallsvariable mit zwei möglichen Ausgängen. Diese bezeichnen wir konventionsgemäß mit 0 (= Misserfolg) und 1 (= Erfolg). Für ein $p \in [0,1]$ heißt die Zufallsvariable Bernoulli-verteilt, wenn

$$f(k) = \mathbb{P}(X = k) = \begin{cases} p^k \cdot (1-p)^{1-k}, & k \in \{0,1\} \\ 0, & \text{sonst} \end{cases}.$$

Wir schreiben kurz $X \sim \mathscr{B}(p)$ oder $X \sim \mathscr{B}(1,p)$.

Das p in der Definition gibt die Wahrscheinlichkeit des Erfolgs an. Die zugehörige Verteilungsfunktion hat die Form:

$$F_X(t) = \begin{cases} 0, & t < 0 \\ 1-p, & 0 \leq t < 1 \\ 1, & t \geq 1 \end{cases}$$

Weitere Größen der Bernoulli-Verteilung sind:

$$\mathbb{E}[X] = p \qquad Var(X) = p \cdot (1-p) \qquad v(x) = \frac{1-2p}{\sqrt{p \cdot (1-p)}}$$

Als Beispiel betrachten wir den Wurf einer gezinkten Münze. Die Wahrscheinlichkeit „Kopf" zu werfen sei drei Mal so hoch wie bei dem Ausgang „Zahl". Wie sehen in diesem Fall die Zähldichte, der Erwartungswert und die Varianz aus, wenn wir den Ausgang „Kopf" als Erfolg werten?

Zunächst halten wir für „Kopf" = 1 und „Zahl" = 0 fest, dass $p = \frac{3}{4}$ sein muss, da somit

$$\mathbb{P}(X = 1) = \frac{3}{4} = 3 \cdot \frac{1}{4} = 3 \cdot \mathbb{P}(X = 0).$$

Insgesamt folgt für $k \in \{0,1\}$:

$$\begin{aligned} f(k) &= \left(\frac{3}{4}\right)^k \cdot \left(\frac{1}{4}\right)^{1-k} \\ \mathbb{E}[X] &= \frac{3}{4} \\ Var(X) &= \frac{3}{4} \cdot \frac{1}{4} = \frac{3}{16} \end{aligned}$$

4.1.3 Binomialverteilung

Die Binomialverteilung spiegelt das Wiederholen von Bernoulliexperimenten wider, den sogenannten Bernoulli-Ketten.

Sei X eine Zufallsvariable und weiter seien $k, n \in \mathbb{N}$ mit $k \leq n$ sowie $p \in [0,1]$. Dann ist X binomialverteilt, wenn die zugehörige Zähldichte der Form

$$f(k) = \mathbb{P}(X = k) = \begin{cases} \begin{pmatrix} n \\ k \end{pmatrix} \cdot p^k \cdot (1-p)^{n-k}, & k \in \{0,...,n\} \\ 0, & \text{sonst} \end{cases}$$

entspricht. Wir schreiben kurz $X \sim \mathscr{B}(n,p)$ oder $X \sim \mathscr{B}_{n,p}$.

Für $n = 1$ entspricht die Binomialverteilung der Bernoulli-Verteilung. Das p gibt wiederum die Erfolgswahrscheinlichkeit eines Durchgangs an. Unter einer $\mathscr{B}(n,p)$-Verteilung verstehen wir also die Wahrscheinlichkeiten, die beim $n-$fachen Wiederholen des **gleichen** Experiments auftreten und mit k bezeichnen wir die Anzahl der Erfolge innerhalb dieser n Wiederholungen. Die Verteilungsfunktion der Binomialverteilung erhalten wir durch Summation der einzelnen Wahrscheinlichkeiten kleiner eines gegebenen Wertes t:

$$F_X(t) = \mathbb{P}(X \leq t) = \sum_{k=0}^{\lfloor t \rfloor} \binom{n}{k} \cdot p^k \cdot (1-p)^{n-k}$$

Beispiel: Binomialverteilung (1)

Ein erstes Beispiel ist der wiederholte Würfelwurf. Nehmen wir an, wir werfen einen fairen Würfel und definieren den Erfolg durch das Ereignis „Augenzahl größer als 4". Die Erfolgswahrscheinlichkeit eines einzelnen Wurfs liegt damit bei $\frac{|\{5,6\}|}{|\{1,2,3,4,5,6\}|} = \frac{2}{6} = \frac{1}{3}$. Interessieren wir uns nun für die Wahrscheinlichkeit, dass wir in zehn Würfen genau fünf Erfolge, also fünfmal eine Augenzahl größer als 4 würfeln, so ergibt sich diese durch

Einführung

$$f(5) = \mathbb{P}(X = 5) = \binom{10}{5} \cdot \left(\frac{1}{3}\right)^5 \cdot \left(\frac{2}{3}\right)^{10-5} = 252 \cdot \frac{1}{243} \cdot \frac{32}{243} \approx 0,1366 = 13,66\%.$$

Inhaltlich entspricht

Beispiel mit Schrauben (1)

$$\binom{10}{5} = 252$$

der Anzahl der Möglichkeiten, die fünf Erfolge bei zehn Wiederholungen zu verteilen. Eine Verteilung wäre beispielsweise, dass die ersten fünf Würfe Erfolge sind und die zweiten fünf nicht.

Beispiel mit Schrauben (2)

$\left(\frac{1}{3}\right)^5$ beschreibt die Wahrscheinlichkeit, dass fünf Erfolge eintreffen, wenn die Wahrscheinlichkeit eines Erfolgs bei $p = \frac{1}{3}$ liegt. $\left(\frac{2}{3}\right)^{10-5}$ gibt die Wahrscheinlichkeit an, dass die restlichen Würfe, also hier $10 - 5 = 5$, Misserfolge sind. Die Wahrscheinlichkeit eines Misserfolgs erhalten wir mit der Gegenwahrscheinlichkeit $1 - p = 1 - \frac{1}{3} = \frac{2}{3}$. Im Folgenden betrachten wir ein Diagramm, welches das obige Beispiel beschreibt:

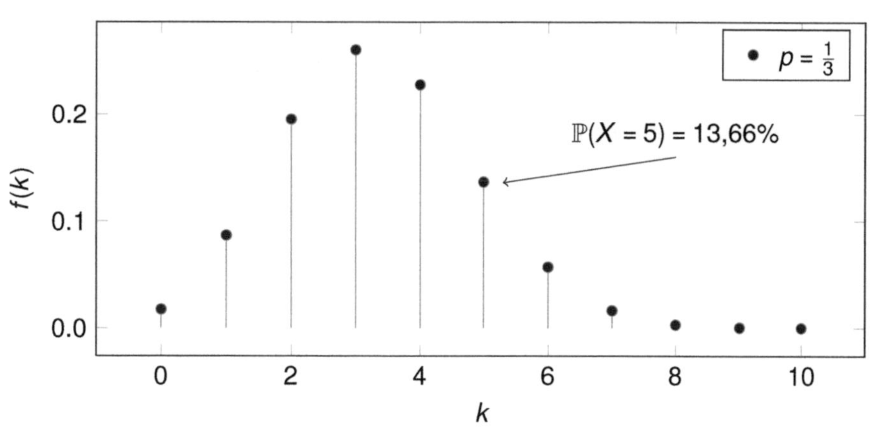

Kleine Beispiele

„Mathe mögen“

Die Verteilungsfunktion halten wir in folgendem Schaubild fest:

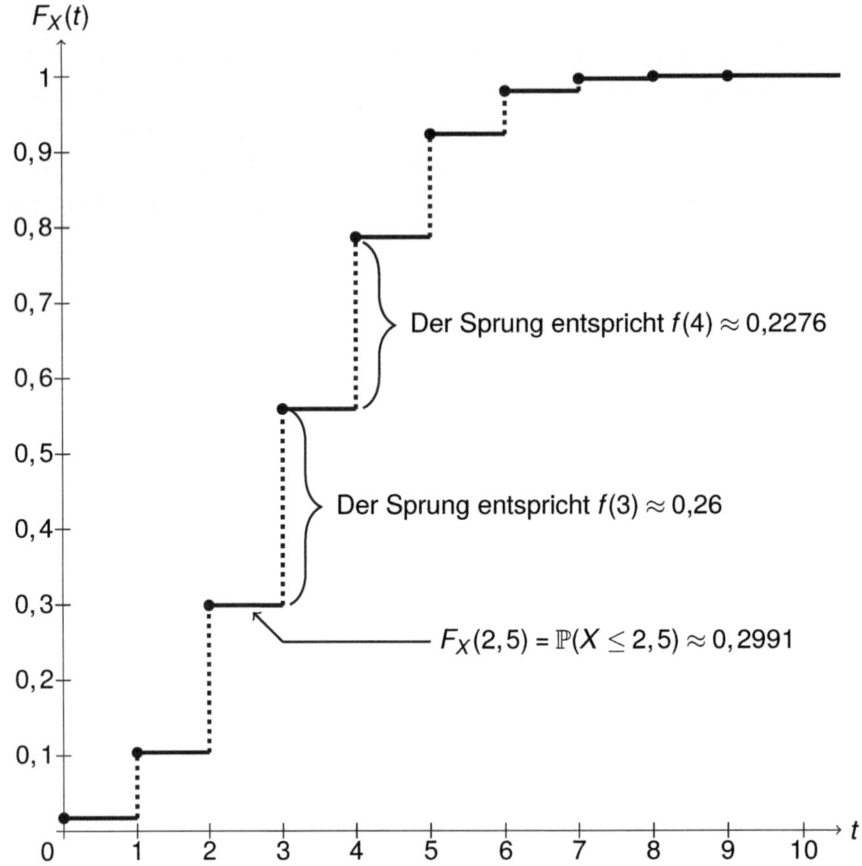

Wir erkennen erneut die Sprungstellen an den ganzen Zahlen und damit, dass es sich um eine diskrete Verteilung handelt, wobei der ausgefüllte Kreis bedeutet, dass der Wert dort angenommen wird. Beispielsweise ist $F_X(2) \approx 0{,}2991$. Sowohl den Wert für $F_X(2{,}5)$ als auch den Wert $F_X(2)$ erhalten wir durch

$$F_X(2{,}5) = \mathbb{P}(X \leq 2{,}5) = \sum_{k=0}^{\lfloor 2{,}5 \rfloor} f(k) = \sum_{k=0}^{2} f(k) = f(0) + f(1) + f(2)$$

$$= \binom{10}{0} \cdot \left(\frac{1}{3}\right)^0 \cdot \left(\frac{2}{3}\right)^{10-0} + \binom{10}{1} \cdot \left(\frac{1}{3}\right)^1 \cdot \left(\frac{2}{3}\right)^{10-1} + \binom{10}{2} \cdot \left(\frac{1}{3}\right)^2 \cdot \left(\frac{2}{3}\right)^{10-2}$$

$$\approx 0{,}0173 + 0{,}0867 + 0{,}1951 = 0{,}2991 = 29{,}91\%.$$

Weitere Größen für die Binomialverteilung sind:

$$\mathbb{E}[X] = n \cdot p \qquad Var(X) = n \cdot p \cdot (1-p) \qquad v(X) = \frac{1-2p}{\sqrt{n \cdot p \cdot (1-p)}}$$

In unserem Beispiel ergibt sich also

$$\begin{aligned} \mathbb{E}[X] &= 10 \cdot \frac{1}{3} &&= \frac{10}{3} \\ Var(X) &= 10 \cdot \frac{1}{3} \cdot \frac{2}{3} &&= \frac{20}{9} \\ v(X) &= \frac{1-\frac{2}{3}}{\sqrt{\frac{20}{9}}} &&= \frac{1}{\sqrt{20}}. \end{aligned}$$

Wenn sich das Experiment im Laufe der Wiederholungen ändert, wie beispielsweise beim Ziehen ohne Zurücklegen, so wird dies nicht durch die Binomialverteilung modelliert.

Beispiel: Binomialverteilung (2)
Nach einer Umfrage bei 30 Studierenden stellte sich heraus, dass die Wahrscheinlichkeit, dass ein Studierender in der Mensa der Universität das vegetarische Menü wählt, für jeden Studierenden 20% beträgt. Wie hoch ist die Wahrscheinlichkeit, dass an diese 30 Studierenden an einem Tag...

1. genau 7 vegetarische Menüs verkauft werden?
2. weniger als 3 vegetarische Menüs verkauft werden?
3. zwischen 7 und 10 (exklusive 7 und 10) vegetarische Menüs verkauft werden?

Und wir fragen uns zusätzlich:

4. Wie viele vegetarische Menüs werden im Mittel an die 30 Studierenden verkauft?

Bei dieser Aufgabe liegt eine Wiederholung eines identischen Experiments vor. Wir nehmen an, dass jeder Studierende mit einer Wahrscheinlichkeit von 20% das vegetarische Menü wählt und wiederholen dieses „Experiment“ entsprechend 30 Mal. Also wählen wir als Modell

$$X \sim \mathscr{B}\left(30, \frac{1}{5}\right).$$

Damit erhalten wir

1. die Wahrscheinlichkeit, genau 7 vegetarische Menüs zu verkaufen durch

$$\mathbb{P}(X = 7) = \binom{30}{7} \cdot \left(\frac{1}{5}\right)^7 \cdot \left(\frac{4}{5}\right)^{23} \approx 0{,}1538 = 15{,}38\%.$$

2. die Wahrscheinlichkeit, weniger als 10 vegetarische Menüs zu verkaufen durch

$$\begin{aligned}
\mathbb{P}(X < 3) = F_X(2) &= \overbrace{\mathbb{P}(X = 0)} + \overbrace{\mathbb{P}(X = 1)} + \overbrace{\mathbb{P}(X = 2)} \\
\underset{< \,+\, \text{diskret}}{\frown} &= \binom{30}{0} \cdot \left(\frac{1}{5}\right)^0 \cdot \left(\frac{4}{5}\right)^{30} + \binom{30}{1} \cdot \left(\frac{1}{5}\right)^1 \cdot \left(\frac{4}{5}\right)^{29} + \binom{30}{2} \cdot \left(\frac{1}{5}\right)^2 \cdot \left(\frac{4}{5}\right)^{28} \\
&\approx 0{,}0012 + 0{,}0093 + 0{,}0337 \\
&= 0{,}0442 \\
&= 4{,}42\%.
\end{aligned}$$

3. die Wahrscheinlichkeit, zwischen 7 und 10 vegetarische Menüs zu verkaufen durch

$$\begin{aligned}\mathbb{P}(7 < X < 10) &= F_X(9) - F_X(8) = \mathbb{P}(X = 8) + \mathbb{P}(X = 9) \\ &= \binom{30}{8} \cdot \left(\frac{1}{5}\right)^8 \cdot \left(\frac{4}{5}\right)^{22} + \binom{30}{9} \cdot \left(\frac{1}{5}\right)^9 \cdot \left(\frac{4}{5}\right)^{21} \\ &\approx 0{,}1106 + 0{,}0676 \\ &= 17{,}82\%\end{aligned}$$

Zu 4. erhalten wir die im Mittel erwartete Anzahl der verkauften vegetarischen Menüs durch

$$\mathbb{E}[X] = 30 \cdot \frac{1}{5} = 6.$$

4.1.4 Negative Binomialverteilung

Neben der Binomialverteilung existiert die sogenannte negative Binomialverteilung. Während erstere die Verteilung von k erfolgreichen Versuchen bei n Wiederholungen modelliert, wird durch die negative Binomialverteilung die Anzahl der Misserfolge, die für r Erfolge erforderlich sind, beschrieben.

> Sei X eine Zufallsvariable, $p \in [0,1]$ sowie $k, r \in \mathbb{N}$. Dann nennen wir X negativ binomialverteilt, wenn die zugehörige Zähldichte die Form
>
> $$f(k) = \mathbb{P}(X = k) = \binom{k+r-1}{k} \cdot p^r \cdot (1-p)^k$$
>
> besitzt. Dabei modelliert r die Anzahl der Erfolge und k die Anzahl der Misserfolge.
> Wir schreiben dies kurz mit $X \sim NB(r,p)$.

Statt des Parameters k, der die Misserfolge zählt, kann die negative Binomialverteilung ebenfalls durch die Gesamtanzahl an Versuchen n definiert werden. In dieser Variante zählt die Zufallsvariable nicht die Misserfolge bis r Erfolge erreicht wurden, sondern die Gesamtzahl der Versuche $n = k + r$. Wir erhalten die Zähldichte durch

$$f(n) = \mathbb{P}(X = n) = \binom{n-1}{r-1} \cdot p^r \cdot (1-p)^{n-r}.$$

Mathematisch sind diese Definitionen über die Zähldichte gleich und entstehen nur durch Einsetzen des Zusammenhangs $n = k + r$. Hier ist die Aufgabenstellung genau zu lesen, ob die Anzahl der (Gesamt-)Versuche oder der Misserfolge im Vordergrund stehen. Anschließend wählen wir die passende Variante. Die Verteilungsfunktion erhalten wir in beiden Fällen durch Summation bis zur abgerundeten Zahl $\lfloor t \rfloor$ im Modell der Misserfolge durch

$$F_X(t) = \mathbb{P}(X \leq t) = \sum_{k=0}^{\lfloor t \rfloor} f(k)$$

beziehungsweise beim Modell der Gesamtversuche durch

$$F_X(t) = \mathbb{P}(X \leq t) = \sum_{n=r}^{\lfloor t \rfloor} f(n).$$

An dieser Stelle fällt auf, dass bei der Gesamtzahl der Versuche bereits r Erfolge enthalten sind und die Wahrscheinlichkeit, die r Erfolge in weniger als r Versuchen zu erreichen, stets 0 sein muss, sodass die zweite Summe bei $n = r$ startet.

Für das zweite Modell ist $f(n)$ durch die Definition des Binomialkoeffizienten tatsächlich gleich 0 für jedes $n < r$, da in diesem Fall gilt:

$$\binom{n-1}{r-1} = 0$$

Beispiel: Negative Binomialverteilung (1)
Betrachten wir als Beispiel folgende Problemstellung. Wir werfen einen fairen Würfel und definieren das Würfeln einer 6 als Erfolg sowie alle anderen Fälle als Misserfolg. In einem Spiel benötigen wir zum Start drei 6-en. Wie hoch ist die Wahrscheinlichkeit, dabei genau zwei Misserfolge zu würfeln?

Da die Misserfolge im Vordergrund stehen, benutzen wir die erste Variante der negativen Binomialverteilung und betrachten die Zufallsvariable $X \sim NB(r,p)$. Die Erfolgswahrscheinlichkeit p beträgt $p = \frac{1}{6} = \mathbb{P}(\text{„Wurf einer 6“})$ und die Anzahl der Erfolge r beträgt $r = 3$. Damit ergibt sich die Wahrscheinlichkeit für zwei Misserfolge durch

$$f(2) = \binom{4}{2} \cdot \left(\frac{1}{6}\right)^3 \cdot \left(\frac{5}{6}\right)^2 = 6 \cdot \frac{1}{216} \cdot \frac{25}{36} \approx 0{,}01929.$$

Die Wahrscheinlichkeit, bei drei 6-en zwei Fehlwürfe zu haben, beträgt nur 1,929%. Im Folgenden stellen wir die Zähldichte und die Verteilungsfunkion visuell dar.

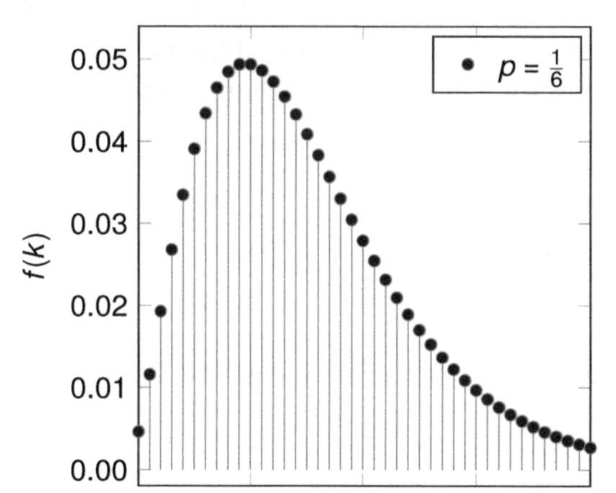

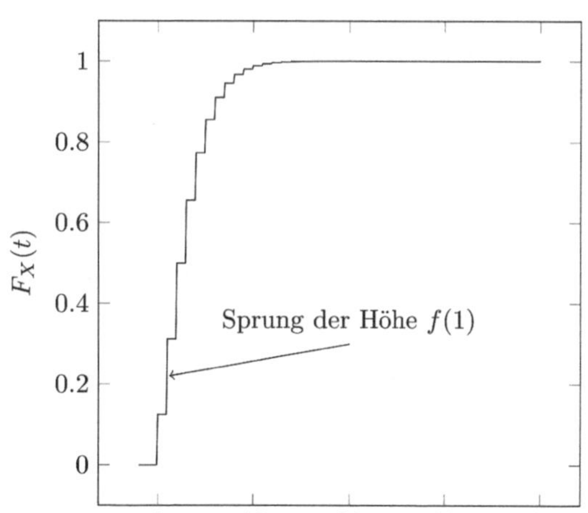

Auf dem linken Bild ist die Zähldichte abgebildet und wir erkennen die Abstände zwischen den Punkten, da es sich um eine diskrete Verteilung handelt. Außerdem sehen wir, dass Fehlversuche im Bereich von 4 – 20 am wahrscheinlichsten sind, während sich die Wahrscheinlichkeit für 30 und mehr Fehlversuche immer näher der 0 nähert. Außerdem können wir eine Linksschiefe feststellen, da sich mehr Wahrscheinlichkeit auf der linken Seite sammelt und wir somit eine positive Schiefe $v(X)$ erwarten.

Auf dem rechten Bild sehen wir einen Ausschnitt der Verteilungsfunktion. Da es sich bei diesem Experiment um unendlich viele Punkte handelt, die eine positive Wahrscheinlichkeit besitzen, haben wir zum Einen die Verteilungsfunktion nur bis $t = 40$ dargestellt und aufgrund der Übersichtlichkeit die einzelnen Punkte an den Sprungstellen entfernt. Die Stellen, an denen es vertikal nach oben geht, sind die Sprünge, welche in ihrer Höhe gerade den Werten $f(k)$ entsprechen. Wir erkennen erneut das monotone Wachstum der Verteilungsfunktion, das „zackige" Verhalten durch die Sprünge, da es sich um eine diskrete Verteilung handelt und das Annähern an den Wert 1 sowie das Starten vom Wert 0 aus.

Für weitere Größen unterscheiden wir erneut die beiden Varianten und betrachten zunächst die erste Variante, in der die Fehlversuche k gezählt werden:

$$\mathbb{E}[X] = r \cdot \frac{1-p}{p} \qquad Var(X) = r \cdot \frac{1-p}{p^2} \qquad v(X) = \frac{2-p}{\sqrt{r \cdot (1-p)}}$$

In unserem Beispiel ergibt sich also mit $r = 3$ und $p = \frac{1}{6}$:

$$\mathbb{E}[X] = 3 \cdot \frac{1-\frac{1}{6}}{\frac{1}{6}} = 15 \qquad Var(X) = 3 \cdot \frac{1-\frac{1}{6}}{\left(\frac{1}{6}\right)^2} = 90 \qquad v(X) = \frac{2-\frac{1}{6}}{\sqrt{3 \cdot \left(1-\frac{1}{6}\right)}} = \frac{11}{\sqrt{90}}.$$

Für die zweite Variante, die die Gesamtzahl der Versuche zählt, stimmen Varianz und Schiefe mit den obigen Formeln überein. Der Erwartungswert ergibt sich durch

$$\mathbb{E}[X] = \frac{r}{p}.$$

Beispiel: Negative Binomialverteilung (2)
Bei dem geselligen Spiel Mäxchen werden zwei faire Würfel geworfen und das beste Ergebnis ist die Kombination aus 1 und 2, die einen Durchlauf sofort gewinnt und als Mäxchen bezeichnet wird. Wir hören mit dem Spiel auf, sobald wir zwei Durchgänge mit Mäxchen gewonnen haben. Wie groß ist die Wahrscheinlichkeit, dass wir ...

1. genau 10 Durchgänge spielen werden?
2. maximal 4 Durchgänge spielen werden?

Wir wählen als Modell $X \sim NB(2,p)$. Es ist $r = 2$, da die Anzahl der Erfolge jeweils 2 betragen soll und p berechnen wir durch

$$\mathbb{P}(\text{„Mäxchen"}) = \frac{|\{(1,2),(2,1)\}|}{\underbrace{36}_{\text{alle Möglichkeiten}}} = \frac{1}{18} \approx 0{,}0556.$$

Damit erhalten die Wahrscheinlichkeit ...

1. für 2 Mäxchen in genau $n = 10$ Durchgängen mit $k = n - r = 8$ durch

$$\mathbb{P}(X = 8) = \binom{8+2-1}{8} \cdot \left(\frac{1}{18}\right)^2 \cdot \left(\frac{17}{18}\right)^8 \approx 0{,}0176 = 1{,}76\%.$$

2. für 2 Mäxchen in maximal $n = 4$ Durchgängen mit $k = n - r = 2$

$$\begin{aligned}
\mathbb{P}(X \leq 2) &= \mathbb{P}(X=0) + \mathbb{P}(X=1) + \mathbb{P}(X=2) \\
&= \binom{1}{0} \cdot \left(\frac{1}{18}\right)^2 \cdot \left(\frac{17}{18}\right)^0 + \binom{2}{1} \cdot \left(\frac{1}{18}\right)^2 \cdot \left(\frac{17}{18}\right)^1 + \binom{3}{2} \cdot \left(\frac{1}{18}\right)^2 \cdot \left(\frac{17}{18}\right)^2 \\
&\approx 0{,}0031 + 0{,}0058 + 0{,}0083 \\
&= 0{,}0172 \\
&= 1{,}72\%.
\end{aligned}$$

4.1.5 Multinomiale Verteilung

In diesem Abschnitt beschäftigen wir uns mit einer Erweiterung der Binomialverteilung auf mehr als nur Erfolg und Misserfolg.

Seien $n, k \in \mathbb{N}$ und $X_1, ..., X_k$ Zufallsvariablen. Weiter seien $p_1, ..., p_k \in [0,1]$ mit der zusätzlichen Eigenschaft $p_1 + ... + p_k = 1$. Ist für $n_1, ..., n_k$ mit $n_1 + ... n_k = n$ die Zähldichte der gemeinsamen Verteilung

$$f(n_1, ..., n_k) = \mathbb{P}(X_1 = n_1, \; ..., \; X_k = n_k) = \binom{n}{n_1, ..., n_k} \cdot p_1^{n_1} \cdot ... \cdot p_k^{n_k},$$

so sprechen wir von einer Multinomialverteilung und schreiben kurz

$(X_1, ..., X_k) \sim M(n, (p_1, ..., p_k))$. Die Größe $\binom{n}{n_1, ..., n_k}$ ist dabei der Multinomialkoeffizient:

$$\binom{n}{n_1, ..., n_k} = \frac{n!}{n_1! \cdot ... \cdot n_k!}$$

Für $n = 2$ erhalten wir aus der Multinomialverteilung die Binomialverteilung. Die Multinomialverteilung lässt Klassifizierungen zu, die über Erfolg und Misserfolg hinausgehen (wenn $n > 2$). Beispielsweise könnte bei einer Klausur von 20 Studierenden die Fragestellung im Raum stehen, wie wahrscheinlich folgender Ausgang ist:

Note:	1	2	3	4	5
Anzahl:	3	5	8	1	3

Um diesen Ausgang mittels Multinomialverteilung berechnen zu können, benötigen wir die zugehörigen Wahrscheinlichkeiten. Nehmen wir also an, jeder der Studierenden hätte die gleiche Möglichkeit, in folgender Form die Klausur abzuschließen

$$p_1 = 10\%, \;\; p_2 = 15\%, \;\; p_3 = 35\%, \;\; p_4 = 15\%, \;\; p_5 = 25\%.$$

Summieren wir die Zeile Anzahl auf, so erhalten wir $n = 20$ und damit folgt

$$\begin{aligned} f(3,5,8,1,3) &= \mathbb{P}(X_1 = 3,\ X_2 = 5,\ X_3 = 8,\ X_4 = 1,\ X_5 = 3) \\ &= \binom{20}{3,5,8,1,3} \cdot p_1^3 \cdot p_2^5 \cdot p_3^8 \cdot p_4^1 \cdot p_5^3 \\ &\approx 0{,}00056 = 0{,}056\%. \end{aligned}$$

Die Wahrscheinlichkeit wirkt an dieser Stelle sehr gering, doch da wir den Ausgang viel genauer beschreiben, als wir es beispielsweise bei der Binomialverteilung fordern, ist das Ergebnis unwahrscheinlicher.

Weitere Größen der Multinomialverteilung sind

$$\begin{aligned} \mathbb{E}[X_i] &= n \cdot p_i \\ Var(X_i) &= n \cdot p_i \cdot (1 - p_i) \\ Cov(X_i,\ X_j) &= -n \cdot p_i \cdot p_j. \end{aligned}$$

In unserem Beispiel ist

$$\begin{aligned} \mathbb{E}[X_1] &= 20 \cdot 10\% &&= 2 \\ \mathbb{E}[X_5] &= 20 \cdot 25\% &&= 5 \\ Var(X_2) &= 20 \cdot 15\% \cdot 85\% &&= 2{,}55 \\ Cov(X_3,\ X_4) &= -20 \cdot 35\% \cdot 15\% &&= -1{,}05. \end{aligned}$$

Beispiel: Multinomialverteilung

Bernd isst gerne Eis. Am liebsten mag er Vanille, gefolgt von Schokolade und Zitrone. Ein Eiscafe verkauft ihr Eis am Ende des Tages günstiger, allerdings werden die Kugeln anhand des übrig gebliebenen Eises zufällig gewählt. Die Wahrscheinlichkeit, eine Kugel Vanilleeis zu bekommen, liegt bei 50%, Schokolade bei 30% und Zitrone bei 20%. Wir nehmen an, dass sich die Wahrscheinlichkeit durch Bernds Bestellung nicht ändert.

1. Wie hoch ist die Wahrscheinlichkeit, dass Bernd bei 4 gekauften Kugeln zwei Mal Vanille und jeweils ein Mal Zitrone und Schokolade erhält?
2. Wie groß ist die zu erwartende Anzahl an Kugeln Schokolade bei 6 gekauften Kugeln?

Wir wählen für Aufgabe 1 das Modell $(\overset{\text{Vanille}}{X_1},\ \underset{\text{Schokolade}}{X_2},\ \overset{\text{Zitrone}}{X_3}) \sim M\left(4, \left(\frac{1}{2}, \frac{3}{10}, \frac{1}{5}\right)\right)$ und berechnen

$$\mathbb{P}(X_1 = 2,\ X_2 = 1,\ X_3 = 1) = \binom{4}{2,1,1} \cdot \left(\frac{1}{2}\right)^2 \cdot \left(\frac{3}{10}\right)^1 \cdot \left(\frac{1}{5}\right)^1 = \frac{4!}{2! \cdot 1! \cdot 1!} \cdot \frac{1}{4} \cdot \frac{3}{10} \cdot \frac{1}{5} = 0{,}18 = 18\%.$$

Für die zweite Aufgabe modellieren wir $(X_1, X_2, X_3) \sim M\left(6, \left(\frac{1}{2}, \frac{3}{10}, \frac{1}{5}\right)\right)$ und berechnen

$$\mathbb{E}[X_2] = 6 \cdot \frac{3}{10} = 1{,}8.$$

4.1.6 Geometrische Verteilungen

In diesem Abschnitt befassen wir uns mit der geometrischen Verteilung. Diese gibt es wie die negative Binomialverteilung in zwei Varianten, je nachdem was gezählt wird. Ausschlaggebend für die geometrische Verteilung ist die Anzahl an Fehl- oder Gesamtversuchen bis zum ersten Erfolg. Wir beginnen mit der Version für Fehlversuche.

Seien $n \in \mathbb{N}$ und X eine Zufallsvariable. Wir sprechen von einer geometrischen Verteilung (Fehlversuche), wenn die Zähldichte die Form

$$f(n) = \mathbb{P}(X = n) = p \cdot (1 - p)^n$$

besitzt und wir schreiben kurz $X \sim \mathcal{G}(p)$.

Es handelt sich bei der Zähldichte um zwei Größen, die miteinander multipliziert werden. Auf der einen Seite p, welche für den ersten Erfolg steht. Auf der anderen Seite haben wir $(1-p)^n$. Hier steht $(1-p)$ für die Wahrscheinlichkeit des Misserfolgs. Der Exponent n ergibt damit n Misserfolge bis zum ersten Erfolg. Um an dieser Stelle Verwechslungen vorzubeugen, definieren wir die zweite Variante mit der Zufallsvariable Y statt X.

Seien $n \in \mathbb{N}_{>0}$ und Y eine Zufallsvariable. Wir sprechen von einer geometrischen Verteilung (Gesamtversuche), wenn die Zähldichte die Form

$$f(n) = \mathbb{P}(Y = n) = p \cdot (1 - p)^{n-1}$$

besitzt und wir schreiben kurz $Y \sim \mathcal{G}(p)$.

Wiederum besteht die Zähldichte aus zwei Faktoren. Unverändert beschreibt p die Wahrscheinlichkeit des ersten Erfolgs. Im zweiten Faktor verändert sich jedoch der Exponent auf $n-1$, sodass wir bei $f(n)$ gerade $n-1$ Fehlversuche zählen bzw. $1+n-1$ Gesamtversuche durch den mitgezählten Versuch des Erfolgs. Es fällt zudem auf, dass die Anzahl der Versuche mindestens 1 sein muss, da der Versuch mit Erfolg mitgezählt wird. Um den Unterschied der beiden Varianten weiter zu verdeutlichen, betrachten wir anhand mehrmaligen Werfens eines fairen Würfels die beiden Beispiele

a) Erfolg: Wurf einer Zahl größer als 4
   gesucht: Wahrscheinlichkeit von fünf Fehlversuchen bis zum ersten Erfolg

b) Erfolg: Wurf einer Primzahl
   gesucht: Wahrscheinlichkeit von insgesamt sechs Versuchen bis zum ersten Erfolg

Betrachten wir zunächst das erste Beispiel *a*): Da Fehlversuche gezählt werden sollen, benutzen wir zur Berechnung die erste Variante. Die Erfolgswahrscheinlichkeit liegt bei $p = \frac{1}{3}$ und damit folgt

$$f(5) = \mathbb{P}(X = 5) = \frac{1}{3} \cdot \left(\frac{2}{3}\right)^5 \approx 0{,}0439 = 4{,}39\%.$$

Im zweiten Beispiel *b*) wird nach der Wahrscheinlichkeit für die Anzahl der Gesamtversuche gefragt und somit benutzen wir die zweite Variante. Innerhalb der ersten sechs Zahlen gibt es drei Primzahlen $(2, 3, 5)$, sodass die Erfolgswahrscheinlichkeit bei $p = \frac{1}{2}$ liegt und damit auch $1 - p = 1 - \frac{1}{2} = \frac{1}{2}$.

Damit ergibt sich

$$f(6) = \mathbb{P}(Y = 6) = \frac{1}{2} \cdot \left(\frac{1}{2}\right)^{6-1} \approx 0{,}0156 = 1{,}56\%.$$

Für die erste Variante ist die Verteilungsfunktion gegeben durch

$$F_X(t) = \mathbb{P}(X \leq t) = 1 - (1-p)^{\lfloor t \rfloor + 1},$$

während wir für die zweite Variante gilt:

$$F_Y(t) = \mathbb{P}(Y \leq t) = 1 - (1-p)^{\lfloor t \rfloor}$$

Im Folgenden zeigen wir die Zähldichte und Verteilungsfunktion der ersten Variante und verweisen auf die vorigen diskreten Verteilungen für die verteilungsunabhängigen Eigenschaften diskreter Verteilungen.

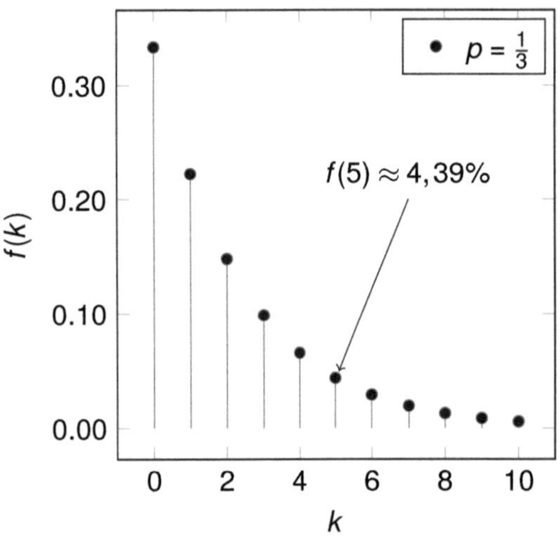

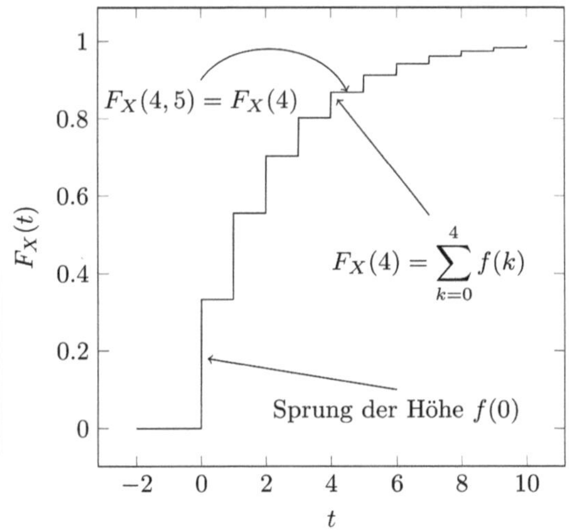

Wir sehen, dass die Zähldichte einer geometrischen Verteilung monoton fallend ist und bei der ersten Variante eine positive Wahrscheinlichkeit für $k = 0$, also keine Fehlversuche bis zum ersten Erfolg, besitzt. Die Verteilungsfunktion bleibt durch Summieren von positiven Werten definitionsgetreu monoton wachsend.

Weitere Größen der geometrischen Verteilung sind für die erste Variante:

$$\mathbb{E}[X] = \frac{1-p}{p} \qquad \mathbb{E}[Y] = \frac{1}{p} \qquad Var(X) = Var(Y) = \frac{1}{p^2} - \frac{1}{p} \qquad v(X) = v(Y) = \frac{2-p}{\sqrt{1-p}}$$

In unseren Beispielen $X \sim \mathscr{G}\left(\frac{1}{3}\right)$ (Fehlversuche) und $Y \sim \mathscr{G}\left(\frac{1}{2}\right)$ (Gesamtversuche) ergibt sich

$$\begin{aligned} \mathbb{E}[X] &= \frac{1-\frac{1}{3}}{\frac{1}{3}} = 2 \\ \mathbb{E}[Y] &= \frac{1}{\frac{1}{2}} = 2 \\ Var(X) &= \frac{1}{\left(\frac{1}{3}\right)^2} - \frac{1}{\frac{1}{3}} = 6 \\ Var(Y) &= \frac{1}{\left(\frac{1}{2}\right)^2} - \frac{1}{\frac{1}{2}} = 2. \end{aligned}$$

An dieser Stelle sehen wir auch, dass es entscheidend ist, ob wir Fehl- oder Gesamtversuche zählen. In beiden Beispielen ist der Erwartungswert gleich 2, bedeutet im Sachzusammenhang allerdings etwas anderes.

4.1.7 Hypergeometrische Verteilung

In diesem Abschnitt befassen wir uns mit der hypergeometrischen Verteilung. Diese modelliert das Ziehen ohne Zurücklegen hinsichtlich einer wünschenswerten Eigenschaft.

Seien $N, M, n, k \in \mathbb{N}$ und X eine Zufallsvariable. Besitzt die Zähldichte unter der Zufallsvariable X die Form

$$f(k) = \mathbb{P}(X = k) = \frac{\binom{M}{k} \cdot \binom{N-M}{n-k}}{\binom{N}{n}},$$

so sprechen wir von einer hypergeometrischen Verteilung und schreiben kurz $X \sim H(N, M, n)$.

Beispiel: Hypergeometrische Verteilung

Zum besseren Verständnis halten wir die Bedeutung der verschiedenen Variablen allgemein und in Klammern veranschaulicht anhand eines Beispiels fest. Für dieses Beispiel betrachten wir ein Pokerblatt mit 52 Karten und den vier Farben Kreuz, Pik, Herz und Karo. Wir möchten die Wahrscheinlichkeit berechnen, dass beim fünfmaligen Ziehen ohne Zurücklegen genau 2 Herzkarten gezogen wurden. Damit gilt:

Beispiel (1)

Beispiel (2)

Beispiel (3)

Beispiel (4)

Beispiel (5)

- N ist die Anzahl aller Elemente (hier: die Anzahl aller Karten $N = 52$)
- M ist die Anzahl aller Elemente in N mit einer für uns interessanten Eigenschaft (hier: Anzahl der Herzkarten $M = 13$)
- n ist die Anzahl der Elemente, die wir insgesamt ziehen (hier: fünfmaliges Ziehen $n = 5$)
- k ist die Anzahl der gezogenen Elemente mit der interessanten Eigenschaft (hier: zwei Herkarten $k = 2$)

Die Wahrscheinlichkeit berechnet sich für $X \sim H(52, 13, 5)$ durch

$$f(2) = \mathbb{P}(X = 2) = \frac{\binom{13}{2} \cdot \binom{52-13}{5-2}}{\binom{52}{5}} = \frac{78 \cdot 9139}{2598960} \approx 0{,}2743 = 27{,}43\%.$$

Die einzelnen Faktoren lassen sich mathematisch wie folgt beschreiben:

$\binom{M}{k}$ beschreibt die Anzahl der Möglichkeiten, aus der Menge mit „interessanten Elementen“ k Stück zu ziehen. Hier: Anzahl der Möglichkeiten, aus 13 Herzkarten 2 zu ziehen.

$\binom{N-M}{n-k}$ beschreibt die Anzahl der Möglichkeiten, aus der Menge der verbleibenden Elemente $N \backslash M$ die verbleibende Anzahl $n-k$ zu ziehen. Hier: Anzahl der Möglichkeiten, aus den verbleibenden 39 (jeweils 13 Kreuz-, Pik- und Karokarten) Karten, noch 3 ($= n-k = 5-2$) „Nicht-Herzkarten" zu ziehen.

$\binom{N}{n}$ beschreibt die Anzahl der Möglichkeiten, aus der Menge aller Elemente n Elemente ohne Zurücklegen zu ziehen. Hier: Anzahl der Möglichkeiten, aus 52 Karten 5 zu ziehen.

Der Zähler beschreibt die Anzahl der günstigen Möglichkeiten und der Nenner die Anzahl aller Möglichkeiten, sodass es sich hier um ein Laplace-Experiment handelt. Für unser Beispiel zeigt folgende Grafik die Zähldichte:

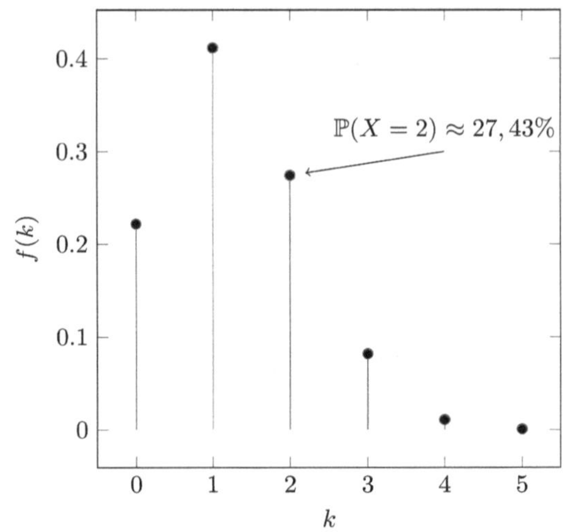

Weitere Größen der hypergeometrischen Verteilung sind:

$$\mathbb{E}[X] = n \cdot \frac{M}{N}$$

$$Var(X) = n \cdot \frac{M}{N} \cdot \left(1 - \frac{M}{N}\right) \cdot \frac{N-n}{N-1}$$

$$v(X) = \frac{(N-2n)\cdot(N-2M)}{N-2} \cdot \sqrt{\frac{N-1}{n \cdot M \cdot (N-M) \cdot (N-n)}}$$

In unserem Beispiel ergeben sich damit für $X \sim H(52, 13, 5)$ die Werte

$$\begin{aligned}
\mathbb{E}[X] &= 5 \cdot \frac{13}{52} &&= \frac{5}{4}, \\
Var(X) &= 5 \cdot \frac{13}{52} \cdot \left(1 - \frac{13}{52}\right) \cdot \frac{52-5}{52-1} &&\approx 0{,}864, \\
v(X) &= \frac{(52-10)\cdot(52-26)}{50} \cdot \sqrt{\frac{51}{5 \cdot 13 \cdot (52-13) \cdot (52-5)}} &&\approx 0{,}4519.
\end{aligned}$$

Es werden sich im Mittel $\frac{5}{4}$ Herzkarten in den 5 gezogenen Karten befinden.

4.1.8 Multi-Hypergeometrische Verteilung

Wie auch im Falle der Binomialverteilung gibt es für die Hypergeometrische Verteilung eine Verallgemeinerung auf mehr als Erfolg und Misserfolg. Diese Verallgemeinerung nennen wir Multi-Hypergeometrische Verteilung.

Seien $N, n, r, k_1, ..., k_r, M_1, ..., M_r \in \mathbb{N}$ mit $n = k_1 + ... + k_r$ und $N = M_1 + ... + M_r$ sowie $X_1, ..., X_r$ Zufallsvariablen. Wir sprechen von einer Multi-Hypergeometrischen Verteilung, falls die Zähldichte die Form

$$f(k_1, ..., k_r) = \mathbb{P}(X_1, ..., X_r) = \frac{\binom{M_1}{k_1} \cdot ... \cdot \binom{M_r}{k_r}}{\binom{N}{n}}$$

besitzt und schreiben kurz $X = (X_1, ..., X_r) \sim Hyp(M_1, ..., M_r, n)$.

Beispiel: Multi-Hypergeometrische Verteilung

Mit der Multi-Hypergeometrischen Verteilung können wir mehr Informationen beim Ziehen ohne Zurücklegen modellieren. Bleiben wir bei unserem Beispiel des letzten Abschnitts und betrachten ein Pokerblatt mit 52 Karten. Wie hoch ist die Wahrscheinlichkeit bei dreimaligem Ziehen, eine Herzkarte, eine Karokarte und eine schwarze Karte zu ziehen?

Dazu müssen wir die Parameter korrekt zuordnen:

- Es gibt 52 Karten, diese entsprechen unserer Grundgesamtheit, also gilt $N = 52$.
- Wir ziehen aus dieser Grundgesamtheit drei Karten, also ist $n = 3$.
- Wir interessieren uns für das Ziehen einer Herzkarte, also sei $M_1 = 13$ = Anzahl der Herzkarten und $k_1 = 1$.
- Wir interessieren uns für das Ziehen einer Karokarte, also sei $M_2 = 13$ = Anzahl der Karokarten und $k_2 = 1$.
- Wir interessieren uns für das Ziehen einer schwarzen Karte, also sei $M_3 = 26$ = Anzahl der schwarzen (Pik und Kreuz) Karten und $k_3 = 1$.

Damit erhalten wir die Wahrscheinlichkeit

$$f(1,1,1) = \mathbb{P}(X_1 = 1,\ X_2 = 1,\ X_3 = 1) = \frac{\overbrace{\binom{13}{1}}^{\text{Ziehen einer Herzkarte}} \cdot \overbrace{\binom{13}{1}}^{\text{Karokarte ziehen}} \cdot \overbrace{\binom{26}{1}}^{\text{schwarze Karte ziehen}}}{\underbrace{\binom{52}{3}}_{\text{drei aus 52 ziehen}}}$$

$$= \frac{13 \cdot 13 \cdot 26}{22100} \approx 0{,}1988 = 19{,}88\%.$$

Weitere Werte der Multi-Hypergeometrischen Verteilung sind

$$\begin{aligned}
\mathbb{E}[X_i] &= n \cdot \frac{M_i}{N}, \\
Var(X_i) &= \frac{M_i}{N} \cdot \left(1 - \frac{M_i}{N}\right) \cdot \frac{N-n}{N-1} \cdot n, \\
Cov(X_i, X_j) &= -n \cdot \frac{M_i \cdot M_j}{N^2} \cdot \frac{N-n}{N-1}.
\end{aligned}$$

In unserem Beispiel ergibt sich:

$$\begin{aligned}
\mathbb{E}[X_1] &= 3 \cdot \frac{13}{52} &&= \frac{3}{4} \\
\mathbb{E}(X_3) &= 3 \cdot \frac{26}{52} &&= \frac{3}{2} \\
Var(X_2) &= \frac{13}{52} \cdot \left(1 - \frac{13}{52}\right) \cdot \frac{52-3}{52-1} \cdot 3 &&\approx 0{,}54 \\
Cov(X_1, X_2) &= -3 \cdot \frac{13 \cdot 13}{52^2} \cdot \frac{52-3}{52-1} &&\approx -0{,}18 \\
Korr(X_1, X_2) &\underset{Var(X_1)=Var(X_2)}{\approx} \frac{-0{,}18}{\sqrt{0{,}54} \cdot \sqrt{0{,}54}} &&= -\frac{1}{3}.
\end{aligned}$$

4.1.9 Poisson-Verteilung

Abschließend befassen wir uns in diesem Abschnitt mit der Poisson-Verteilung. Diese Verteilung modelliert die Anzahl von unabhängigen Ereignissen in einem gegebenen Zeitintervall, welche mit einer konstanten mittleren Rate eintreten, da, wie wir im Laufe des Abschnitts sehen werden, der Erwartungswert den entsprechenden Parameter liefert.

> Sei $\lambda \in \mathbb{R}$ sowie X eine Zufallsvariable. Besitzt die zugehörige Zähldichte die Form
>
> $$f(k) = \mathbb{P}(X = k) = \frac{\lambda^k}{k!} \cdot e^{-\lambda},$$
>
> so sprechen wir von einer poissonverteilten Zufallsvariable und schreiben kurz $X \sim \mathscr{P}(\lambda)$.

Beispiel

Beispiel: Poisson-Verteilung (1)

Um das Anwendungsfeld besser einordnen zu können, betrachten wir folgendes Beispiel. Wir möchten die Wahrscheinlichkeit für eingegangene Anrufe bei der Polizei eines unbestimmten kleineren Ortes für einen Tag modellieren. Wir schließen dabei saisonale Unterschiede aus, um eine konstante mittlere Rate sicherzustellen. Des Weiteren nehmen wir an, dass diese Anrufe unabhängig voneinander stattfinden. Aufgrund eines vorhandenen Datensatzes erhalten wir eine mittlere Rate von 15 Anrufen pro Tag. Wie groß ist nun die Wahrscheinlichkeit, dass am morgigen Tag 5 oder 20 Anrufe bei der Polizei eingehen?

Dazu berechnen wir mit einer Zufallsvariablen $X \sim \mathscr{P}(15)$

$$\begin{aligned}
f(5) &= \mathbb{P}(X = 5) = \frac{15^5}{5!} \cdot e^{-15} \approx 0{,}0019 = 0{,}19\% \quad \text{und} \\
f(20) &= \mathbb{P}(X = 50) = \frac{15^{20}}{20!} \cdot e^{-15} \approx 0{,}0418 = 4{,}18\%.
\end{aligned}$$

Die Verteilungsfunktion erhalten wir durch Summation der Zähldichte

$$F_X(t) = \mathbb{P}(X \leq t) = e^{-\lambda} \cdot \sum_{k=0}^{\lfloor t \rfloor} \frac{\lambda^k}{k!}.$$

Im Folgenden sehen wir für unser Beispiel die Zähldichte und die Verteilungsfunktion visualisiert:

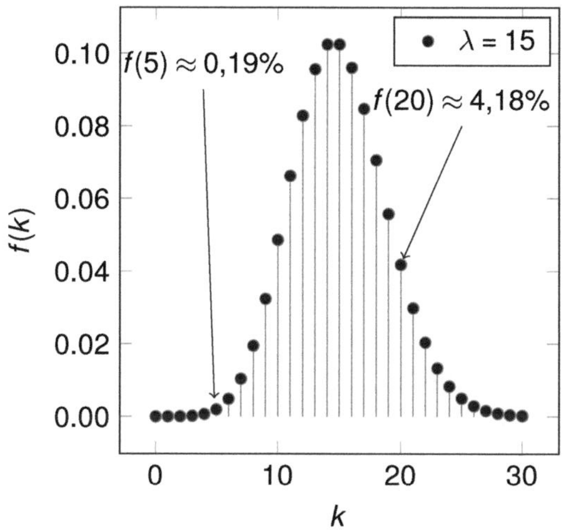

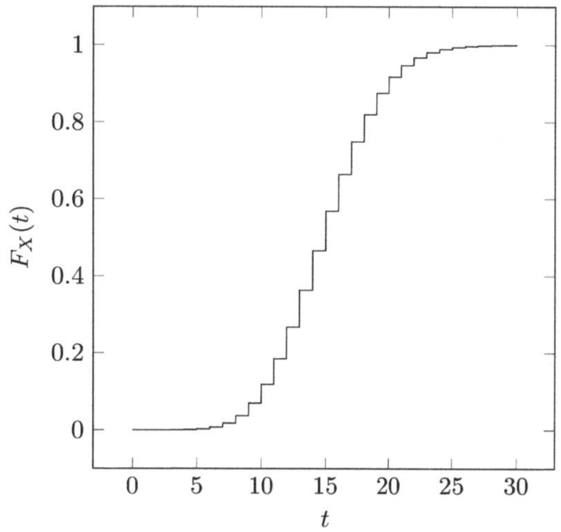

Weitere Größen der Poisson-Verteilung sind

$$\begin{aligned} \mathbb{E}[X] &= \lambda, \\ Var(X) &= \lambda, \\ v(X) &= \frac{1}{\sqrt{\lambda}}. \end{aligned}$$

In unserem Beispiel gilt

$$\begin{aligned} \mathbb{E}[X] &= 15, \\ Var(X) &= 15, \\ v(X) &= \frac{1}{\sqrt{15}}. \end{aligned}$$

Anhand dieser Werte erkennen wir, dass der Parameter der Poisson-Verteilung sowohl der Erwartungswert als auch die Varianz ist. Wichtig bei dieser Verteilung ist das konstante Eintreten der Ereignisse, die in einem Intervall gezählt werden.

Die Poisson-Verteilung eignet sich für die Approximation der Binomialverteilung, wenn große Werte der auftretenden Fakultäten zum Rechnen unhandlich werden:

> Ist der Parameter n der Binomialverteilung hinreichend groß und p hinreichend klein, so gilt für $\lambda = n \cdot p$ und $X \sim \mathscr{B}(n,p)$ sowie $Y \sim \mathscr{P}(\lambda)$
>
> $$f_Y(k) \approx f_X(k).$$
>
> Dabei existieren diverse Faustregeln, dass die Annäherung hinreichend gut für beispielsweise $n \geq 30$ und $p \leq 0{,}05$ ist.

Beispiel: Poisson-Verteilung (2)
Nehmen wir an, wir werfen zwei faire Würfel 1000 Mal und möchten wissen, wie hoch die Wahrscheinlichkeit ist, 30 Mal einen 6-er Pasch zu werfen. Mittels Binomialverteilung erhalten wir für $X \sim \mathscr{B}\left(1000, \frac{1}{36}\right)$

$$\mathbb{P}(X = 30) = \binom{1000}{30} \cdot \left(\frac{1}{36}\right)^{30} \cdot \left(\frac{35}{36}\right)^{970} \approx 6{,}75\%.$$

Eventuell liefert dein Taschenrechner an dieser Stelle eine Fehlermeldung, da die Faktoren in der Regel zu groß werden. Dies liegt an dem ersten Faktor, denn es gilt

$$\binom{1000}{30} = \frac{1000!}{30! \cdot (1000-30)!}.$$

Veraltete Systeme berechnen nun Zähler und Nenner getrennt voneinander und da 1000! eine Zahl mit 2567 Stellen ist, übersteigt diese die Speicherkapazität der meisten Rechner. Ist in einer Aufgabe jedoch gefordert, diesen Wert zu berechnen, hilft in den meisten Fällen das Kürzen weiter, wenn die Eingabe dennoch langwierig bleibt:

$$\frac{1000!}{30! \cdot (1000-30)!} = \frac{1000!}{30! \cdot 970!} = \frac{971 \cdot 972 \cdot \ldots \cdot 1000}{30!}.$$

Mit der Approximation über die Poisson-Verteilung erhalten wir indes

$$\lambda = n \cdot p = 1000 \cdot \frac{1}{36} = \frac{250}{9}.$$

Damit ergibt sich mit $Y \sim \mathscr{P}\left(\frac{250}{9}\right)$

$$\mathbb{P}(Y = 30) = \frac{\lambda^{30}}{30!} \cdot e^{-\lambda} \approx 6{,}66\%.$$

Der Rechenaufwand ist merklich geringer und wenn die Parameter hinreichend gut sind, ist die Abweichung hinreichend klein.

4.1.10 Zusammenfassung spezieller diskreter Verteilungen

Bevor wir zu den stetigen Verteilungen übergehen, halten wir die Erkenntnisse der letzten Seiten in folgendem Schaubild fest.

Verteilung	$f(k)$	$\mathbb{E}[X]$	$Var(X)$	**Beschreibung / Schlagworte**
diskrete Gleichverteilung	$\frac{1}{n}$	$\frac{a+b}{2}$	$\frac{n^2-1}{12}$	gleichverteilt, mit gleicher Wahrscheinlichkeit
Bernoulliverteilung	$p^k \cdot (1-p)^{1-k}$	p	$p \cdot (1-p)$	einmaliges Durchführen mit Erfolg / Misserfolg
Binomialverteilung	$\binom{n}{k} \cdot p^k \cdot (1-p)^{n-k}$	$n \cdot p$	$n \cdot p \cdot (n-p)$	Wiederholung eines Experiments, das sich im Laufe nicht ändert und Zählen der Erfolge z.B. Ziehen mit Zurücklegen
negative Binomialverteilung	$\binom{k+r-1}{r-1} \cdot p^r \cdot (1-p)^k$	$r \cdot \frac{1-p}{p}$	$r \cdot \frac{1-p}{p^2}$	wie Binomialverteilung, Anzahl Misserfolge bei vorgegebener Anzahl Erfolge wird gezählt
Multinomiale Verteilung	$\binom{n}{n_1,\ldots,n_k} \cdot p_1^{n_1} \cdot \ldots \cdot p_k^{n_k}$	$n \cdot p_i$	$n \cdot p_i \cdot (1-p_i)$	wie Binomialverteilung, Fokus auf mehr als Erfolg / Misserfolg: z.B. Ziehen von roten, grünen und blauen Kugeln mit Zurücklegen
geometrische Verteilung (Fehlversuche)	$p \cdot (1-p)^{n-1}$	$\frac{1}{p}$	$\frac{1}{p^2} - \frac{1}{p}$	Anzahl der Fehlversuche bis zum ersten Erfolg (exklusive Erfolg)

geometrische Verteilung (Gesamtversuche)	$p \cdot (1-p)^n$	$\frac{1-p}{p}$	$\frac{1}{p^2} - \frac{1}{p}$	Anzahl der Gesamtversuche bis zum ersten Erfolg (inklusive Erfolg)
Hypergeometrische Verteilung	$\frac{\binom{M}{k} \cdot \binom{N-M}{n-k}}{\binom{N}{n}}$	$n \cdot \frac{M}{N}$	$n \cdot \frac{M}{N} \cdot (1-\frac{M}{N}) \cdot \frac{N-n}{N-1}$	Ziehen ohne Zurücklegen, Fokus auf Erfolg / Misserfolg
Multi-Hypergeometrische Verteilung	$\frac{\binom{M_1}{k_1} \cdot \ldots \cdot \binom{M_r}{k_r}}{\binom{N}{n}}$	$n \cdot \frac{M_i}{N}$	$n \cdot \frac{M_i}{N} \cdot (1-\frac{M_i}{N}) \cdot \frac{N-n}{N-1}$	Ziehen ohne Zurücklegen, Fokus auf mehr als Erfolg / Misserfolg
Poisson-Verteilung	$\frac{\lambda^k}{k!} \cdot e^{-\lambda}$	λ	λ	Anzahl von Ereignissen mit konstanter mittlerer Rate

4.2 Spezielle stetige Verteilungen

Auch im stetigen Fall existieren bekannte Verteilungen, die aufgrund ihrer häufigen Verwendung eigene Namen bekommen haben. In diesem Abschnitt werden wir mehrere solcher Verteilungen kennenlernen und analysieren.

4.2.1 Stetige Gleichverteilung

Wir starten mit dem stetigen Pendant zur diskreten Gleichverteilung. Diese wird im stetigen Fall nur für Intervalle angegeben und überträgt das Ziel, jedem Elementarereignis die gleiche Wahrscheinlichkeit zuzuordnen, in die Welt der stetigen Verteilungen.

Sei X eine stetige Zufallsvariable und $a, b \in \mathbb{R}$ mit $b > a$. Wir sagen, dass X eine stetig gleichverteilte Zufallsvariable auf $[a,b]$ ist, falls die zugehörige Wahrscheinlichkeitsdichte von X die Form

$$f_X(x) = \frac{1}{b-a} \cdot \mathbb{1}_{[a,b]}(x) = \begin{cases} 0 & , \ x < a \\ \frac{1}{b-a} & , \ a \leq x \leq b \\ 0 & , \ x > b \end{cases}$$

hat. Wir schreiben kurz $X \sim U(a,b)$, wenn klar ist, dass es sich um eine stetige Gleichverteilung handelt oder $X \sim U_c(a,b)$, um die Stetigkeit zu verdeutlichen.

Durch Integration erhalten wir die zugehörige Verteilungsfunktion einer stetig gleichverteilten Zufallsvariable X.

Sei X eine stetige Zufallsvariable sowie $a, b \in \mathbb{R}$ mit $X \sim U_c(a,b)$. In diesem Fall besitzt die Verteilungsfunktion die Form

$$F_X(t) = \begin{cases} 0 & , \quad t < a \\ \frac{t-a}{b-a} & , \quad a \leq t \leq b \\ 1 & , \quad t > b \end{cases} .$$

Beispiel: Stetige Gleichverteilung (1)

Betrachten wir als Beispiel eine stetige Gleichverteilung auf dem Intervall $[1,9]$, also $X \sim U(1,9)$. Es ist somit $\frac{1}{b-a} = \frac{1}{9-1} = \frac{1}{8} = 0{,}125$:

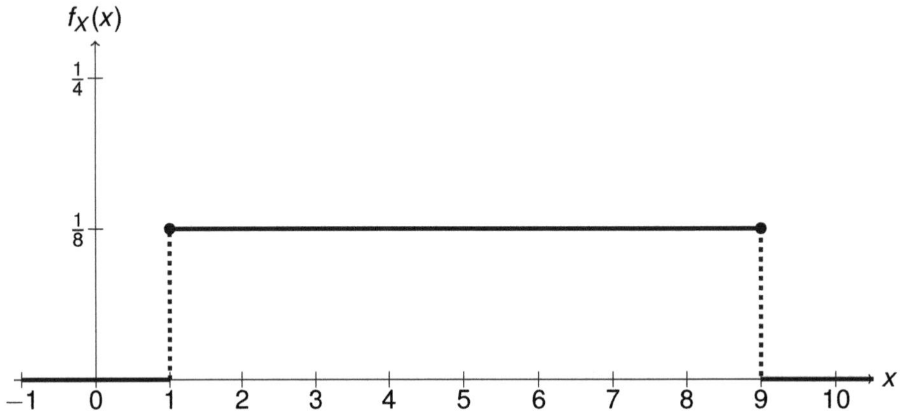

Und als Verteilungsfunktion erhalten wir:

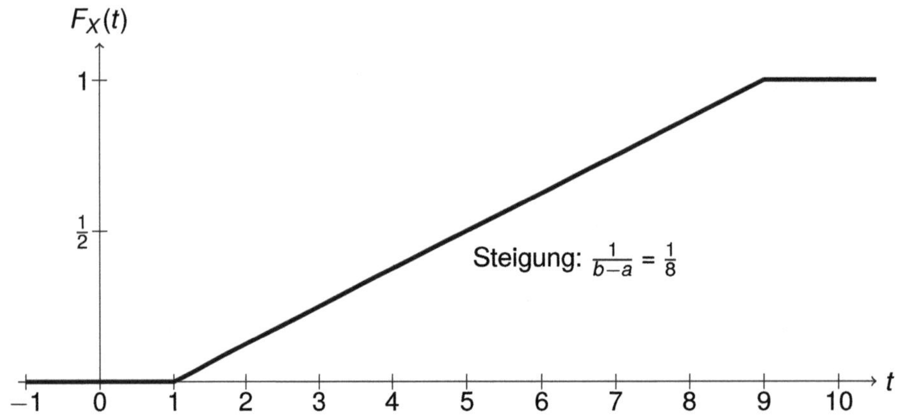

Im Folgenden berechnen wir für $X \sim U(1,9)$ beispielhaft ein paar Werte. Aufgrund der Eigenschaften von stetigen Verteilungen kann der Unterschied zwischen $<$ und $\leq$ vernachlässigt werden:

- $\mathbb{P}(X \leq 4) = F_X(4) = \frac{4-1}{9-1} = \frac{3}{8} = 37{,}5\%$
- $\mathbb{P}(X \geq 7) = 1 - \mathbb{P}(X < 7) = 1 - \mathbb{P}(X \leq 7) = 1 - F_X(7) = 1 - \frac{7-1}{9-1} = 1 - \frac{6}{8} = \frac{1}{4} = 25\%$
- $\mathbb{P}(2 < X < 3) = F_X(3) - F_X(2) = \frac{3-1}{9-1} - \frac{2-1}{9-1} = \frac{2}{8} - \frac{1}{8} = \frac{1}{8} = 12{,}5\%$

- $\mathbb{P}(0 < X \leq 5) = F_X(5) - F_X(0) = \frac{5-1}{9-1} - 0 = \frac{1}{2} = 50\%$
- $\mathbb{P}(3 \leq X < 12) = F_X(12) - F_X(3) = 1 - \frac{3-1}{9-1} = 1 - \frac{1}{4} = \frac{3}{4} = 75\%$

Für die stetige Gleichverteilung erhalten wir zudem die Größen

$$\mathbb{E}[X] = \frac{a+b}{2} \quad \text{und} \quad Var(X) = \frac{(b-a)^2}{12}.$$

In unserem Beispiel erhalten wir für $X \sim U(1,9)$:

$$\begin{aligned} \mathbb{E}[X] &= \frac{1+9}{2} = 5 \\ Var(X) &= \frac{(9-1)^2}{12} = \frac{64}{12} = \frac{16}{3} \end{aligned}$$

Beispiel: Stetige Gleichverteilung (2)

Im Friseursalon, welcher von Frau Müller regelmäßig aufgesucht wird, ist die Wartezeit auf einen freien Friseur nahezu gleichverteilt. Wir können annehmen, dass stets eine Wartezeit größer zwei Minuten vorausgesetzt werden kann und zudem nie eine Wartezeit größer oder gleich 22 Minuten vorliegt. Wir betrachten die folgenden Fragen:

1. Welches Modell erschließt sich anhand dieser Angaben für die Wartezeit in Minuten?
2. Wie hoch ist die Wahrscheinlichkeit, dass Frau Müller beim nächsten Besuch weniger als 5 Minuten auf einen freien Friseur warten muss?
3. Wie hoch ist die Wahrscheinlichkeit, dass Frau Müller länger als 15 Minuten warten muss?
4. Wie viel Wartezeit insgesamt verstreicht im Mittel bei den nächsten 5 Besuchen?
5. Wie groß ist die Wahrscheinlichkeit, dass Frau Müller in den nächsten 5 Minuten bedient wird, wenn sie bereits 15 Minuten warten musste?

Dazu berechnen wir:

1. Das Modell, welches wir an dieser Stelle wählen, ist die Gleichverteilung mit den Parametern
$$a = 2 \quad \text{und} \quad b = 22.$$
2. Die Wahrscheinlichkeit, dass Frau Müller weniger als 5 Minuten warten muss, beträgt
$$\mathbb{P}(X < 5) = F_X(5) = \frac{5-2}{22-2} = 15\%.$$
3. Die Wahrscheinlichkeit, dass Frau Müller länger als 15 Minuten warten muss, beträgt
$$\mathbb{P}(X > 15) = 1 - F_X(15) = 1 - \frac{15-2}{22-2} = 1 - \frac{13}{20} = 35\%.$$
4. Im Mittel verstreichen pro Besuch
$$\mathbb{E}[X] = \frac{22+2}{2} = 12 \text{ Minuten}$$
Wartezeit. Damit ergibt sich in den nächsten 5 Besuchen eine summierte Wartezeit von 60 Minuten.

5. Weitere 5 Minuten zu warten, wenn bereits 15 Minuten gewartet werden musste, bedeutet eine Wartezeit von insgesamt 20 Minuten bei bereits verstrichenen 15 Minuten Wartezeit. Die Wahrscheinlichkeit berechnen wir über die bedingte Wahrscheinlichkeit. Das Ereignis A lautet $X \leq 20$ und das Ereignis B entspricht $X > 15$. Damit ergibt sich

$$\mathbb{P}(\overbrace{X \leq 20}^{A} \mid \underbrace{X > 15}_{B}) = \frac{\overbrace{\mathbb{P}(15 < X \leq 20)}^{A \cap B}}{\underbrace{\mathbb{P}(X > 15)}_{B}} = \frac{F(20) - F(15)}{1 - F(15)} = \frac{\frac{20-2}{22-2} - \frac{15-2}{22-2}}{1 - \frac{15-2}{22-2}} = \frac{\frac{5}{20}}{\frac{7}{20}} = \frac{5}{7} \approx 71{,}43\%.$$

4.2.2 Exponentialverteilung

In diesem Abschnitt befassen wir uns mit der Exponentialverteilung mit Parameter λ. Wie der Name es erahnen lässt, nutzt diese Verteilung die Exponentialfunktion in ihrer Definition und wird häufig bei der Modellierung von Lebensdauern von technischen Geräten benutzt.

Sei X eine stetige Zufallsvariable und $\lambda \in \mathbb{R}_{>0}$. Wir sprechen von einer exponentialverteilten Zufallsvariable X mit Parameter $\lambda > 0$, wenn die zugehörige Wahrscheinlichkeitsdichte die Form

$$f(x) = \lambda \cdot e^{-\lambda x} \cdot \mathbb{1}_{[0,\infty)} = \begin{cases} 0 & , \ x < 0 \\ \lambda \cdot e^{-\lambda x} & , \ x \geq 0 \end{cases}$$

besitzt. Kurz schreiben wir $X \sim Exp(\lambda)$.

Durch Integration erhalten wir die zugehörige Verteilungsfunktion einer stetig exponentialverteilten Zufallsvariable X.

Sei X eine stetige Zufallsvariable und $\lambda \in \mathbb{R}_{>0}$ mit $X \sim Exp(\lambda)$. In diesem Fall besitzt die Verteilungsfunktion die Form

$$F_X(t) = \begin{cases} 0 & , \ t < 0 \\ 1 - e^{-\lambda t} & , \ t \geq 0 \end{cases} .$$

Wir sehen, dass diese Verteilungsfunktion keinen Bereich besitzt, in welchem die Funktion konstant 1 ist, allerdings gilt

$$\lim_{t \to \infty} F_X(t) = \lim_{t \to \infty} 1 - e^{-\lambda t} = 1 - 0 = 1.$$

Beispiel: Exponentialverteilung (1)

Betrachten wir als Beispiel eine Exponentialverteilung mit Parameter $\lambda = 2$, also $X \sim Exp(2)$. Die Wahrscheinlichkeitsdichte besitzt die Darstellung:

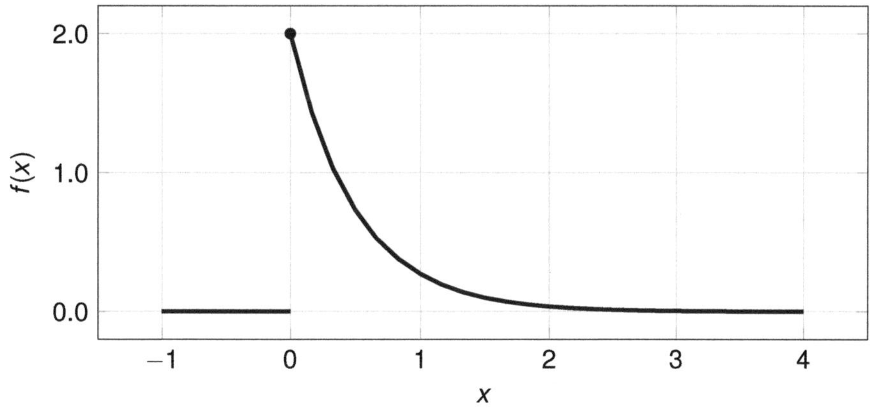

Und als Verteilungsfunktion erhalten wir:

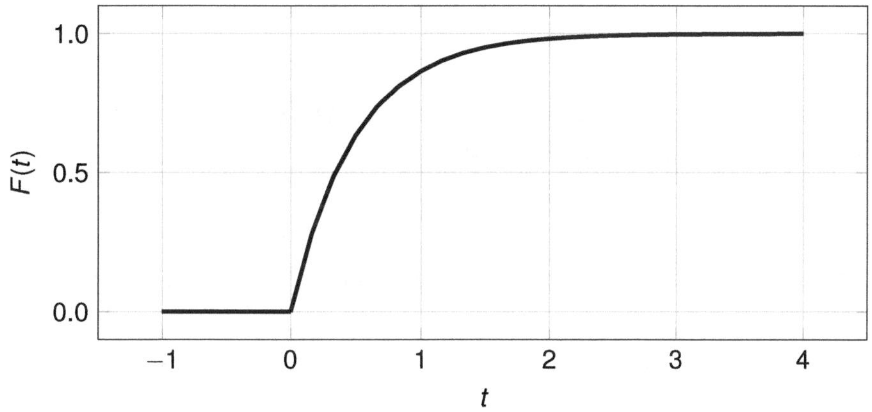

Im Folgenden berechnen wir beispielhaft Werte für eine exponentialverteilte Zufallsvariable X mit Parameter $\lambda = 2$:

- $\mathbb{P}(X \leq 2) = F_X(2) = 1 - e^{-4} \approx 98{,}17\%$
- $\mathbb{P}\left(X > \frac{1}{2}\right) = 1 - F_X\left(\frac{1}{2}\right) = 1 - \left(1 - e^{-2 \cdot \frac{1}{2}}\right) = e^{-1} \approx 36{,}79\%$
- $\mathbb{P}(-1 < X < 10) = F_X(10) - F_X(-1) = \left(1 - e^{-20}\right) - 0 \approx 1$
- $\mathbb{P}(X > 1 + 2 \mid X > 1) = \frac{\mathbb{P}(X > 3)}{\mathbb{P}(X > 1)} = \frac{1 - \left(1 - e^{-6}\right)}{1 - \left(1 - e^{-2}\right)} = \frac{e^{-6}}{e^{-2}} = e^{-4} = \mathbb{P}(X > 2)$

Im letzten Beispiel haben wir die Regel der bedingten Wahrscheinlichkeit benutzt. Die Bedingung A lautet $X > 3$ und die Bedingung B lautet $X > 1$. Damit ist $A \cap B = X > 3$. Das Interessante an der Exponentialverteilung ist, dass der Wert, den wir bei der linken Bedingung auf die 1 addiert haben (hier 2), am Ende im Ergebnis erneut (hier $\mathbb{P}(X > 2)$) erscheint.

> Die Exponentialverteilung ist gedächtnislos, das bedeutet, dass für $x, y \in \mathbb{R}_{\geq 0}$ sowie $X \sim Exp(\lambda)$ die Eigenschaft gilt:
> $$\mathbb{P}(X > x + y \mid X > x) = \mathbb{P}(X > y)$$

Die weiteren Größen der Exponentialverteilung sind:

$$\mathbb{E}[X] = \frac{1}{\lambda} \qquad Var(X) = \frac{1}{\lambda^2}$$

Beispiel: Exponentialverteilung (2)
Ein gerade neu auf den Markt gebrachtes Smartphone eines größeren Herstellers soll untersucht werden. Die mittlere Lebensdauer wird auf 6 Jahre geschätzt und die Ausfallwahrscheinlichkeit wird als exponentialverteilt angenommen.

1. Wie hoch ist die Wahrscheinlichkeit, dass ein solches Smartphone weniger als 3 Jahre hält?
2. Wie wahrscheinlich ist es, dass es länger als 10 Jahre überdauert?
3. Wie groß ist die Wahrscheinlichkeit, dass das Telefon noch 2 Jahre funktioniert, wenn es bereits 3 Jahre alt und funktionstüchtig ist?

Es gilt:

1. Wir wissen, dass $X \sim Exp(\lambda)$ gilt und bestimmen zunächst den Parameter λ. Aus der Angabe der mittleren Lebensdauer errechnen wir
$$6 \overset{!}{=} \mathbb{E}[X] = \frac{1}{\lambda} \Leftrightarrow \lambda = \frac{1}{6}.$$
2. Die Wahrscheinlichkeit, dass ein Smartphone weniger als 3 Jahre funktioniert, ergibt sich durch
$$\mathbb{P}(X < 3) = F_X(3) = 1 - e^{-\frac{1}{6}\cdot 3} = 1 - e^{-\frac{1}{2}} \approx 39{,}35\%.$$
3. Die Wahrscheinlichkeit, dass das Telefon länger als 10 Jahre hält, beträgt
$$\mathbb{P}(X > 10) = 1 - F_X(10) = 1 - \left(1 - e^{-\frac{1}{6}\cdot 10}\right) = e^{-\frac{5}{3}} \approx 18{,}89\%.$$
4. Die Wahrscheinlichkeit, dass ein Handy noch 2 Jahre funktioniert, wenn es bereits 3 Jahre funktionstüchtig ist, ergibt sich aus der Gedächtnislosigkeit der Exponentialverteilung (oder wir berechnen die bedingte Wahrscheinlichkeit nochmal explizit aus). Dass das Telefon noch 2 weitere Jahre funktioniert, entspricht einer gesamten Funktionstüchtigkeit von $2 + 3 = 5$ Jahren und es gilt
$$\mathbb{P}(X > 2 + 3 \mid X > 3) = \mathbb{P}(X > 2) = 1 - F_X(2) = 1 - \left(1 - e^{-\frac{1}{6}\cdot 2}\right) = e^{-\frac{1}{3}} \approx 71{,}65\%.$$

4.2.3 Normalverteilung

Einstieg (1)

Einstieg (2)

In diesem Abschnitt befassen wir uns mit der Normalverteilung. Diese wird in der Regel als die bekannteste und wichtigste Verteilung in der Welt der Wahrscheinlichkeiten und Statistik angesehen und findet ebenfalls in neuen Bereichen wie *Data Science* und *Data Analytics* großen Nutzen. Neben dem Begriff Normalverteilung tauchen ebenfalls die Begriffe Gaußverteilung oder gaußsche Normalverteilung auf, da sich der Mathematiker Carl Friedrich Gauß zu Lebzeiten intensiv mit dieser beschäftigte und unter anderem auf dem damaligen 10 D-Mark Schein mit dieser Verteilung „verewigt" wurde. Der Grund für diese Beliebtheit liegt im zentralen Grenzwertsatz begründet, den wir an späterer Stelle anreißen werden. Starten wir zunächst mit der Definition.

Sei X eine stetige Zufallsvariable und $\mu \in \mathbb{R}$ sowie $\sigma^2 \in \mathbb{R}_{\geq 0}$ gegeben. Besitzt die zugehörige Wahrscheinlichkeitsdichte die Form

$$f(x) = \frac{1}{\sigma \cdot \sqrt{2\pi}} \cdot e^{-\frac{1}{2}\cdot\left(\frac{x-\mu}{\sigma}\right)^2},$$

so sprechen wir bei X von einer normalverteilen Zufallsvariable und schreiben $X \sim \mathcal{N}(\mu, \sigma^2)$.

Im Fall von $\mu = 0$ und $\sigma^2 = 1$, also $X \sim \mathcal{N}(0,1)$ sprechen wir von einer standardnormalverteilten Zufallsvariable. Aufgrund der häufigen Verwendung gibt es eine eindeutige Bezeichnung für die Dichte einer Standardnormalverteilung:

$$\varphi(x) = \frac{1}{\sqrt{2 \cdot \pi}} \cdot e^{-\frac{1}{2}x^2}$$

Betrachten wir zwei solcher Wahrscheinlichkeitsdichten in folgender Grafik. Zum einen sehen wir die Standardnormalverteilung $\varphi(x)$ (durchgezogene Linie) und zum anderen eine Normalverteilung mit Parametern $\mu = 4$ und $\sigma^2 = 4$ (gepunktete Linie):

Normal-verteilung (1)

Normal-verteilung (2)

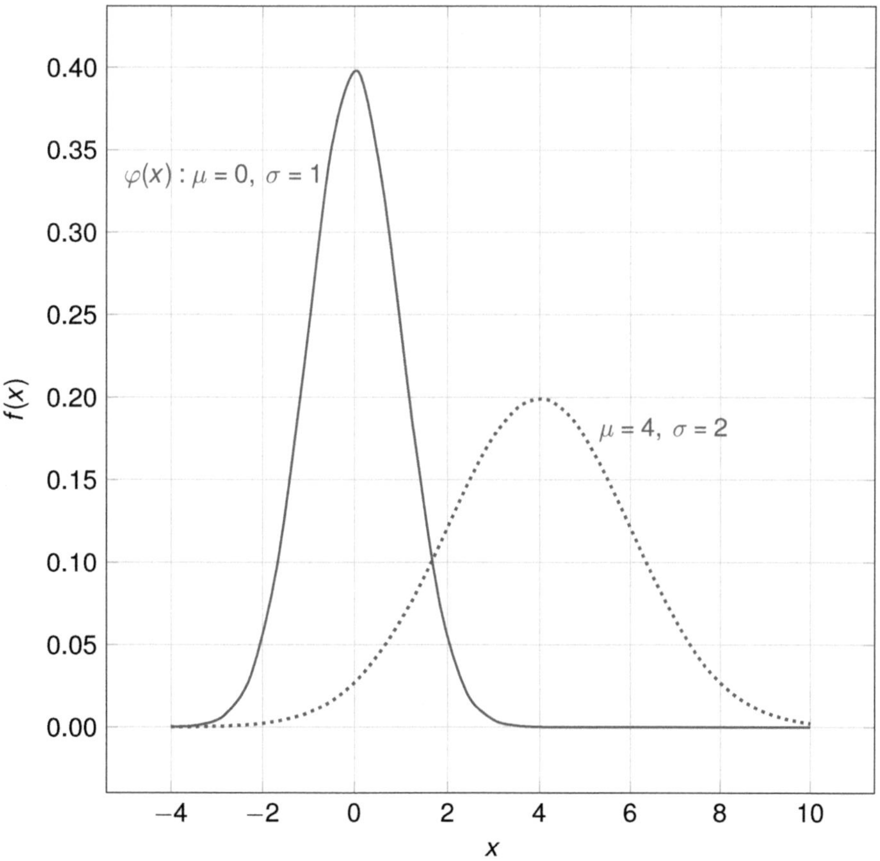

Wir erkennen, dass die Normalverteilung stets den größten Wert an der Stelle $x = \mu$ besitzt. Die Größe des Parameters σ^2 steuert, wie groß die Amplitude ausfällt. Zudem erkennen wir, dass eine normalverteilte Zufallsvariable stets symmetrisch um den Parameter μ ist. Die Bezeichnung der Parameter ist dabei nicht willkürlich gewählt. Betrachten wir weitere Größen der Normalverteilung, so ergibt sich

$$\mathbb{E}[X] = \mu \qquad \text{und} \qquad Var(X) = \sigma^2.$$

Der Parameter μ entspricht dem Erwartungswert der Verteilung und der Parameter σ^2 der Varianz.

Die Verteilungsfunktion einer Normalverteilung lässt sich nicht in einer geschlossenen Formel darstellen, da die Funktion e^{-x^2} keine Stammfunktion besitzt, sodass Werte der Normalverteilung tabelliert vorliegen und abgelesen werden müssen. Im Folgenden präsentieren wir alle Werte der Standardnormalverteilung und erklären, wie wir sie dort ablesen können:

Verteilungsfunktion der Standardnormalverteilung $\Phi(t) = \frac{1}{\sqrt{2\pi}} \int_{-\infty}^{t} e^{-\frac{1}{2}x^2} \mathrm{d}x$

t	0	1	2	3	4	5	6	7	8	9
0.0	0.50000	50399	50798	51197	51595	51994	52392	52790	53188	53586
0.1	53983	54380	54776	55172	55567	55962	56356	56750	57142	57535
0.2	57926	58317	58706	59095	59484	59871	60257	60642	61026	61409
0.3	61791	62172	62552	62930	63307	63683	64058	64431	64803	65173
0.4	65542	65910	66276	66640	67003	67365	67724	68082	68439	68793
0.5	69146	69497	69847	70194	70540	70884	71226	71566	71904	72241
0.6	72575	72907	73237	73565	73891	74215	74537	74857	75175	75490
0.7	75804	76115	76424	76731	77035	77337	77637	77935	78231	78524
0.8	78815	79103	79389	79673	79955	80234	80511	80785	81057	81327
0.9	81594	81859	82121	82381	82639	82894	83147	83398	83646	83891
1.0	84135	84375	84614	84850	85083	85314	85543	85769	85993	86214
1.1	86433	86650	86864	87076	87286	87493	87698	87900	88100	88298
1.2	88493	88686	88877	89065	89251	89435	89617	89796	89973	90148
1.3	90320	90490	90658	90824	90988	91149	91309	91466	91621	91774
1.4	91924	92073	92220	92364	92507	92647	92786	92922	93056	93189
1.5	93319	93448	93575	93699	93822	93943	94062	94179	94295	94408
1.6	94520	94630	94738	94845	94950	95053	95154	95254	95352	95449
1.7	95544	95637	95728	95819	95907	95994	96080	96164	96246	96327
1.8	96407	96485	96562	96638	96712	96784	96856	96926	96995	97062
1.9	97128	97193	97257	97320	97381	97441	97500	97558	97615	97671
2.0	97725	97778	97831	97882	97933	97982	98030	98077	98124	98169
2.1	98214	98257	98300	98341	98382	98422	98461	98500	98537	98574
2.2	98610	98645	98679	98713	98746	98778	98809	98840	98870	98899
2.3	98928	98956	98983	99010	99036	99061	99086	99111	99134	99158
2.4	99180	99202	99224	99245	99266	99286	99305	99324	99343	99361
2.5	99379	99396	99413	99430	99446	99461	99477	99492	99506	99520
2.6	99534	99547	99560	99573	99586	99598	99609	99621	99632	99643
2.7	99653	99664	99674	99683	99693	99702	99711	99720	99728	99737
2.8	99745	99752	99760	99767	99774	99781	99788	99795	99801	99807
2.9	99813	99819	99825	99831	99836	99841	99846	99851	99856	99861
3.0	99865	99869	99874	99878	99882	99886	99889	99893	99897	99900
3.1	99903	99907	99910	99913	99916	99918	99921	99924	99926	99929
3.2	99931	99934	99936	99938	99940	99942	99944	99946	99948	99950
3.3	99952	99953	99955	99957	99958	99960	99961	99962	99964	99965
3.4	99966	99968	99969	99970	99971	99972	99973	99974	99975	99976
3.5	99977	99978	99978	99979	99980	99981	99982	99982	99983	99984
3.6	99984	99985	99985	99986	99986	99987	99987	99988	99988	99989
3.7	99989	99990	99990	99990	99991	99991	99992	99992	99992	99993
3.8	99993	99993	99993	99994	99994	99994	99994	99995	99995	99995
3.9	99995	99995	99996	99996	99996	99996	99996	99996	99997	99997
4.0	99997	99997	99997	99997	99997	99997	99998	99998	99998	99998

Diese Zeichnung ist wie folgt zu interpretieren:

- Wir möchten $\Phi(t)$ für $t = 3{,}65$ bestimmen.
- In der ersten Spalte unter t stehen die ersten beiden Stellen der Zahl und in der ersten Zeile neben t steht die zweite Nachkommastelle.
- Markieren wir nun diese Zeile und Spalte ergibt sich ein Schnittpunkt innerhalb der Tabelle.
- Die führenden Nullen werden in der Regel zur besseren Übersichtlichkeit entfernt, sodass der Wert innerhalb der Tabelle 0,99987 ist.
- Insgesamt haben wir abgelesen $\Phi(3{,}65) \approx 0{,}99987$.

Tabelle ablesen (1)

Tabelle ablesen (2)

Wie wir sehen können, werden in dieser Tabelle nur positive Werte von t aufgelistet. Aufgrund der Symmetrie der Normalverteilung lassen sich damit auch negative Werte berechnen, denn

für die Standardnormalverteilung gilt: $\Phi(-t) = 1 - \Phi(t)$.

Dies lässt sich gut visuell belegen. Betrachten wir für eine standardnormalverteilte Zufallsvariable X den Wert $\Phi(-1)$, so ist dies gleich $\mathbb{P}(X \leq -1) = \int_{-\infty}^{-1} \varphi(x)\, dx$:

NV Graph (1)

NV Graph (2)

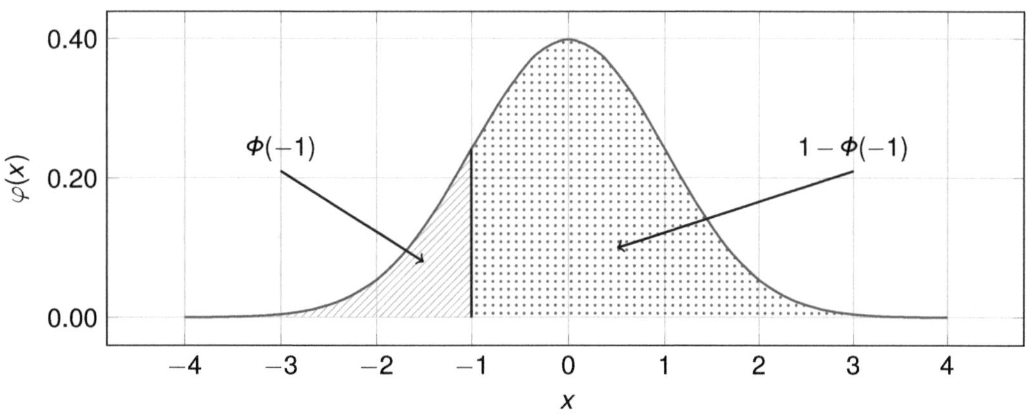

Aufgrund der Symmetrie ist der gepunktete Bereich $1 - \Phi(-1)$ jedoch gleich der Fläche, die durch $\Phi(1)$ charakterisiert wird:

Beispiel (1)

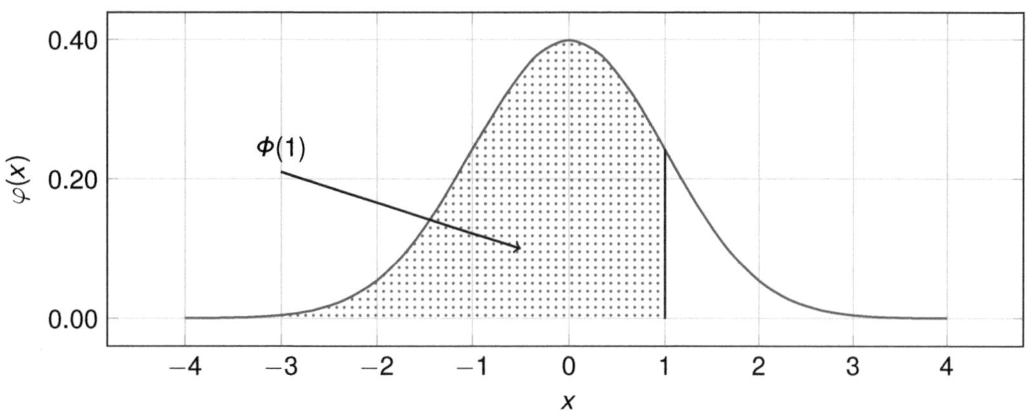

Möchten wir beispielsweise den Wert von $\Phi(t)$ an der Stelle $t = -2{,}01$ bestimmen, so erhalten wir diesen durch

$$\Phi(-2{,}01) = 1 - \Phi(2{,}01) \approx 1 - 0{,}97778 = 0{,}02222,$$

dabei haben wir $\Phi(2{,}01) \approx 0{,}97778$ aus obiger Tabelle abgelesen.

Beispiel (2)

Beispiel (3)

Beispiel (4)

Neben der Bestimmung von Werten der Verteilungsfunktion $\Phi(t)$ für gegebene Werte t lässt sich zu einer gegebenen Wahrscheinlichkeit das entsprechende Quantil bestimmen. Hierzu gehen wir in umgekehrter Reihenfolge vor:

- Wir möchten t für gegebenes $\Phi(t) = 0{,}99987$ bestimmen.
- Wir suchen innerhalb der Tabelle nach dem Wert 0,99987 (nicht am Rand).
- Nun können zwei Dinge auftreten:
  (a) Der Wert taucht nur einmal auf.
  (b) Der Wert taucht (wie in diesem Beispiel) mehrfach auf.
- Im Falle von (*a*) gehen wir die Zeile und Spalte bis zum Rand entlang und fügen die Zahl t zusammen.
- Im Falle von (*b*) gibt es unterschiedliche Vorgehensweisen. Vergleiche diese daher am Besten mit deinen Unterlagen. Die beiden üblichsten Vorgehensweisen sind
  1. Wähle als Lösung den kleinsten Wert t, der in der Tabelle die gegebene Wahrscheinlichkeit ergibt. Dies wäre hier 3,65 .
  2. Bilde aus allen möglichen Lösungen das arithmetische Mittel. Wir erhalten in unserem Beispiel sowohl für $t_1 = 3{,}65$ als auch für $t_2 = 3{,}66$ den Wert $\Phi(t) = 0{,}99987$, sodass wir als Lösung
  $$t = \frac{t_1 + t_2}{2} = \frac{3{,}65 + 3{,}66}{2} = 3{,}655$$
  wählen.

Beispiel: Normalverteilung (1)
Wir betrachten ein faires Gewinnspiel und nehmen an, dass die Gewinne beziehungsweise die Verluste in 1000€ standardnormalverteilt sind ($t = 1$ entspricht 1000€).

1. Wie groß ist die Wahrscheinlichkeit, dass man bei der Teilnahme am Gewinnspiel mehr als 2000€ Gewinn macht?
2. Wie hoch ist die Wahrscheinlichkeit, zwischen 1550€ Verlust und 2000€ Gewinn zu landen?

Beispiel (5)

Beispiel (6)

Es gilt:

0. Da die Gewinne und Verluste standardnormalverteilt sind, gilt $X \sim \mathcal{N}(0, 1)$.

1. Die Wahrscheinlichkeit, mehr als 2000€ Gewinn zu erhalten, errechnet sich durch

$$\mathbb{P}(X > 2) = 1 - F_X(2) = 1 - \Phi(2) \approx 1 - \overbrace{0{,}97725}^{\text{aus Tabelle}} = 0{,}02275 = 2{,}275\%.$$

2. Die Wahrscheinlichkeit, zwischen 1550€ Verlust und 2000€ Gewinn zu erhalten, errechnet sich durch

$$\begin{aligned}\mathbb{P}(-1{,}55 < X < 2) &= F_X(2) - F_X(-1{,}55) = \Phi(2) - \Phi(-1{,}55) = \Phi(2) - (1 - \Phi(1{,}55))\\ &= \Phi(2) - 1 + \Phi(1{,}55) \approx \underbrace{0{,}97725}_{\text{aus Tabelle}} - 1 + \underbrace{0{,}93943}_{\text{aus Tabelle}} = 0{,}91668 = 91{,}668\%.\end{aligned}$$

Nun können wir für beliebige Werte t die Verteilungsfunktion der Standardnormalverteilung auswerten. Aber auch im Falle einer Normalverteilung mit allgemeinen Parametern μ und σ^2 lassen sich die Werte der Verteilungsfunktion anhand der Tabelle der Standardnormalverteilung auswerten, denn es gilt:

Beispiel (7)

Beispiel (8)

> Sei X eine stetige normalverteilte Zufallsvariable mit Parametern $\mu \in \mathbb{R}$ und $\sigma^2 \in \mathbb{R}_{\geq 0}$. Dann ist die Zufallsvariable Z, welche wir durch
>
> $$\frac{X-\mu}{\sigma} = Z$$
>
> erhalten, standardnormalverteilt. Das Vorgehen, von einer Normalverteilung den Parameter μ abzuziehen und durch den Parameter σ zu teilen, nennen wir **Standardisieren.**

Beispiel: Normalverteilung (2)

Betrachten wir als Beispiel eine Zufallsvariable X mit $X \sim \mathcal{N}(2,16)$ und die gesuchte Wahrscheinlichkeit $\mathbb{P}(X < 6)$, so können wir diese wie folgt berechnen:

$$\begin{aligned}\mathbb{P}(X<6) &= \mathbb{P}\left(X - \overbrace{2}^{=\mu} < 6 - \overbrace{2}^{=\mu}\right) && \text{Zunächst ziehen wir den Erwartungswert } \mu = 2 \text{ ab}\\ &= \mathbb{P}\left(\frac{X-2}{\underbrace{4}_{=\sigma}} < \frac{6-2}{\underbrace{4}_{=\sigma}}\right) && \text{und dividieren wir durch die Standardabweichung } \sigma = \sqrt{16}\\ &= \mathbb{P}\left(\underbrace{Z}_{=\frac{X-2}{4}} < 1\right) && \text{zur besseren Übersichtlichkeit definieren wir } Z = \tfrac{X-\mu}{\sigma}.\\ &= \Phi(1) && \text{Da } Z \text{ standardnormalverteilt ist, rechnen wir mit } \Phi\\ &\approx 0{,}84134 && \text{wir lesen } \Phi(1{,}00) \text{ aus der Tabelle ab.}\end{aligned}$$

Zuletzt befassen wir uns mit dem Ablesen der Quantile bei gegebenen Wahrscheinlichkeiten von allgemeinen Normalverteilungen. Aufgrund der Standardisierung gilt für $X \sim \mathcal{N}(\mu,\sigma)$ sowie $Z \sim \mathcal{N}(0,1)$ folgende Transformation der Standardnormalverteilung:

$$\frac{X-\mu}{\sigma} = Z \Leftrightarrow X = \mu + \sigma \cdot Z$$

Möchten wir beispielsweise das Quantil $x_{0,76424}$ von X berechnen, welches zu der Wahrscheinlichkeit $\mathbb{P}(X < x_{0,76424}) = 0{,}76424$ führt, so lesen wir zunächst das entsprechende Quantil der Standardnormalverteilung ab: In diesem Fall ergibt sich aus der Tabelle für $t = 0{,}72$ der Wert

$\Phi(t) \approx 0{,}76424$ und wir bezeichnen dies mit $z_{0,76424} = 0{,}72$. Nun erhalten wir das gesuchte Quantil für X durch

$$x_{0,76424} = \mu + \sigma \cdot z_{0,76424} = 2 + 4 \cdot 0{,}72 = 4{,}88.$$

Die Probe ergibt sich durch Standardisieren:

$$\mathbb{P}\left(X < x_{0,76424}\right) = \mathbb{P}(X < 4{,}88) = \mathbb{P}\left(\frac{X-2}{4} < \frac{4{,}88-2}{4}\right) = \mathbb{P}(Z < 0{,}72) = \Phi(0{,}72) \approx 0{,}76424.$$

Eine weitere Besonderheit der Normalverteilung ist, dass die Summe zweier unabhängiger Normalverteilungen wieder normalverteilt ist. Es gilt

> Für $X_1 \sim \mathcal{N}(\mu_1, \sigma_1^2)$ und $X_2 \sim \mathcal{N}(\mu_2, \sigma_2^2)$ gilt $X_1 + X_2 \sim \mathcal{N}(\mu_1 + \mu_2, \sigma_1^2 + \sigma_2^2)$.

Beispiel: Normalverteilung (3)
Die erzielte Aktienrendite in Prozent von Thomas und Anna seien unabhängig normalverteilt. Im Mittel erwirtschaftet Thomas 4% Rendite pro Jahr, bei einer Varianz von 9%. Anna hingehen erwirtschaftet im Mittel 5% bei einer Varianz von 16%. Wie groß ist die Wahrscheinlichkeit,

1. dass Thomas in einem Jahr mehr als 10% Rendite am Kapitalmarkt erreichen kann?
2. dass Anna in einem Jahr mehr als 6% Verlust erleiden muss?
3. dass die Summe der Renditen von Thomas und Anna innerhalb eines Jahres weniger als 9% beträgt?
4. dass Thomas genau 5% Rendite in einem Jahr erwirtschaftet?

und zu guter Letzt:

5. Bei welcher Rendite beträgt die Wahrscheinlichkeit 60%, dass Anna sie unterschreitet?

Zur Lösung dieser Aufgabe modellieren wir Thomas mit der Zufallsvariable $X \sim \mathcal{N}(4,9)$ sowie Anna mit der Zufallsvariable $Y \sim \mathcal{N}(5,16)$. Damit folgt:

1. Die Wahrscheinlichkeit, dass Thomas mehr als 10% Rendite erwirtschaftet hat, errechnet sich mit Hilfe der Standardisierung $Z_1 = \frac{X-\mu}{\sigma}$ und somit $Z \sim \mathcal{N}(0,1)$ durch

$$\mathbb{P}(X > 10) = \mathbb{P}\left(\frac{X - \overbrace{4}^{=\mu}}{\underbrace{3}_{=\sqrt{\sigma^2}=\sqrt{9}}} > \frac{10-4}{3}\right) = \mathbb{P}(Z_1 > 2) = 1 - \Phi(2) \approx 1 - \underbrace{0{,}97725}_{\text{aus Tabelle}} = 0{,}02275.$$

2. Die Wahrscheinlichkeit, dass Anna mehr als 6% Verlust erleiden muss, entspricht einer negativen Rendite von 6%. Ebenfalls mit Hilfe der Standardisierung $Z_2 = \frac{Y-\mu}{\sigma}$ und $Z_2 \sim (0,1)$

berechnen wir

$$\mathbb{P}(Y < -6) = \mathbb{P}\left(\frac{Y - \overbrace{5}^{=\mu}}{\underbrace{4}_{=\sqrt{\sigma^2}=\sqrt{16}}} < \frac{-6-5}{4}\right) = \mathbb{P}(Z_2 < -2{,}75) = \Phi(-2{,}75) = 1 - \Phi(2{,}75)$$

$$\approx 1 - \underbrace{0{,}99702}_{\text{aus Tabelle}} = 0{,}00298.$$

3. Die Wahrscheinlichkeit, dass die Summe der Renditen weniger als 9% beträgt, lösen wir mit Hilfe der zusätzlichen Eigenschaft von Normalverteilungen. Sei $W = X + Y$, so wissen wir, dass $W \sim \mathcal{N}(4+5, 9+16) = \mathcal{N}(9, 25)$ und berechnen mit $Z_3 = \frac{W-\mu}{\sigma}$ und $Z_3 \sim \mathcal{N}(0,1)$

$$\mathbb{P}(W < 9) = \mathbb{P}\left(\frac{W - \overbrace{9}^{=\mu}}{\underbrace{5}_{=\sqrt{\sigma^2}=\sqrt{25}}} < \frac{9-9}{5}\right) = \mathbb{P}(Z_3 < 0) = \Phi(0) = \underbrace{0{,}5}_{\text{aus Tabelle}}.$$

4. Die Wahrscheinlichkeit, dass Thomas genau 5% Rendite erwirtschaftet, errechnet sich direkt durch

$$\mathbb{P}(X = 5) = 0,$$

da es sich bei der Normalverteilung um eine stetige Verteilung handelt und ein einzelner Punkt keine Wahrscheinlichkeit besitzt.

5. Bei dieser Frage ist der gesuchte Wert die Rendite und die Wahrscheinlichkeit ist gegeben. Wir suchen also das 60% Quantil der Zufallsvariable Y und bezeichnen dies mit $y_{0,6}$. Zunächst lesen wir das 60% Quantil der Standardnormalverteilung ab, denn (zur Vollständigkeit)

$$0{,}6 \overset{!}{=} \mathbb{P}(Y < y_{0,6}) = \mathbb{P}\left(\frac{Y-5}{4} < \overbrace{\frac{y_{0,6}-5}{4}}^{=z_{0,6}}\right) = \mathbb{P}(Z_2 < z_{0,6}) = \Phi(z_{0,6}).$$

Aus der Tabelle erkennen wir, dass kein Wert 0,6 explizit abzulesen ist. Da für $t_1 = 0{,}25$ und $t_2 = 0{,}26$ der Abstand von $\Phi(t)$ nahezu gleich groß zu 0,6 ist, wählen wir

$$z_{0,6} = \frac{t_1 + t_2}{2} = 0{,}255.$$

Nun bestimmen wir das zugehörige Quantil der Normalverteilung

$$y_{0,6} = \mu + \sigma \cdot z_{0,6} = 5 + \sqrt{16} \cdot 0{,}255 = 6{,}02.$$

4.2.4 Log-Normalverteilung

In diesem Abschnitt befassen wir uns mit der Log-Normalverteilung. Wie der Name es verrät, wird der Logarithmus mit der zuvor eingeführten Normalverteilung verknüpft, da sich Anwendungen in der Finanzmathematik, Medizin und vielen weiteren Bereichen finden, die logarithmierten Normalverteilungen folgen. Hier ist aus Anwendungssicht vor Allem das steile Verhalten in der Nähe der 0 sowie eine Betrachtung für rein positive Werte interessant.

Sei $Z \sim (0,1)$ standardnormalverteilt. Seien weiter X eine stetige Zufallsvariable, $\mu \in \mathbb{R}$ sowie $\sigma \in \mathbb{R}_{\geq 0}$, so ist X log-normalverteilt, wenn gilt:

$$X = e^{\mu + \sigma \cdot Z}$$

Wir schreiben kurz $X \sim \mathscr{LN}(\mu, \sigma^2)$. Die zugehörige Wahrscheinlichkeitsdichte besitzt die Form

$$f(x) = \frac{1}{x \cdot \sigma \cdot \sqrt{2\pi}} \cdot e^{-\frac{1}{2} \cdot \frac{(\ln(x) - \mu)^2}{\sigma^2}}$$

und wie wir durch den Term $\ln(x)$ erkennen, ist eine Log-Normalverteilung nur für echt positive Werte $x > 0$ definiert. Zudem gilt die namensgebende Eigenschaft $\ln(X) \sim \mathscr{N}(\mu, \sigma^2)$.

Folgende Grafik zeigt eine log-normalverteilte Zufallsvariable mit Parametern $\mu = 5$ und $\sigma = 2$:

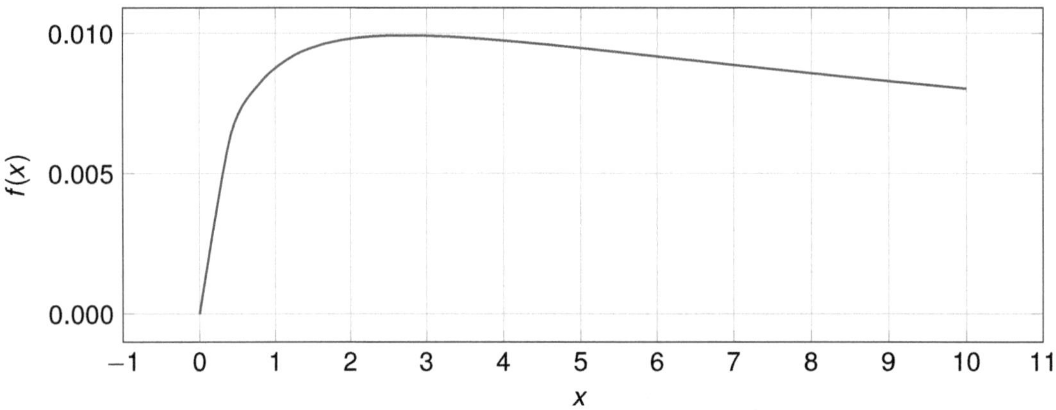

Wie auch bei der Normalverteilung lässt sich die Verteilungsfunktion einer log-normalverteilten Zufallsvariable nicht geschlossen aufschreiben. Mit Hilfe der Verteilungsfunktion $\Phi(t)$ einer standardnormalverteilten Zufallsvariable können wir folgenden Zusammenhang darstellen:

$$X \sim \mathscr{LN}(\mu, \sigma^2) \implies F_X(t) = \Phi\left(\frac{\ln(x) - \mu}{\sigma}\right)$$

Somit lassen sich Wahrscheinlichkeiten beziehungsweise Werte der Verteilungsfunktion einer log-normalverteilten Zufallsvariable ebenfalls anhand der Tabelle der Standardnomalverteilung ablesen. Aufgrund dessen lassen sich die Quantile direkt in Verbindung bringen. Sei z_α ein entsprechendes α-Quantil einer standardnormalverteilten Zufallsvariable, so gilt für x_α, das Quantil einer log-normalverteilten Zufallsvariable

$$x_\alpha = e^{\mu + \sigma \cdot z_\alpha}.$$

Weitere Größen für $X \sim \mathscr{LN}(\mu, \sigma^2)$ sind

$$\mathbb{E}[X] = e^{\mu + \frac{1}{2} \cdot \sigma^2} \neq \mu \qquad \text{sowie} \qquad Var(X) = e^{2 \cdot \mu + \sigma^2} \cdot \left(e^{\sigma^2} - 1\right) \neq \sigma^2.$$

Beachtet man die besondere Regel für die Summe von zwei unabhängigen normalverteilten Zufallsvariablen, so ergibt sich mit dem Logarithmusgesetz $\ln(a + b) = \ln(a) \cdot \ln(b)$ die Regel:

Seien $X_1 \sim \mathscr{LN}(\mu_1, \sigma_1^2)$ und $X_2 \sim \mathscr{LN}(\mu_2, \sigma_2^2)$ zwei unabhängige Zufallsvariablen, so gilt

$$X_1 \cdot X_2 \sim \mathscr{LN}(\mu_1 + \mu_2, \sigma_1^2 + \sigma_2^2).$$

Beispiel: Log-Normalverteilung

Betrachten wir die Größe einer neuen Mäuseart. Untersuchungen haben ergeben, dass diese in etwa log-normalverteilt mit $\mu = 3$ und $\sigma = 1$ sind. Hier sei angemerkt, dass die Werte μ und σ nicht dem Erwartungswert und der Standardabweichung der Größe der Mäuse entsprechen, sondern der zugehörigen Normalverteilung, welche wir durch Logarithmieren der log-normalverteilten Zufallsvariable erhalten. Wie groß ist in diesem Fall die Wahrscheinlichkeit, dass...

1. eine Maus mindestens 30 cm groß wird?
2. eine Maus kleiner als die Hälfte der mittleren Größe wird?
3. eine Maus zwischen 15 cm und 25 cm groß wird?

Dazu berechnen wir für $X \sim \mathscr{LN}(3,1)$.

1. Dass eine Maus mindestens 30 cm groß wird, errechnen wir durch

$$\mathbb{P}(X \geq 30) = 1 - F_X(30) = 1 - \Phi\left(\frac{\ln(30) - 3}{1}\right) \approx 1 - \Phi(0{,}40) \approx 1 - \underbrace{0{,}65542}_{\text{aus Tabelle}} = 0{,}34458.$$

2. Zunächst berechnen wir für unser Modell die mittlere Größe einer Maus in cm. Es ist

$$\mathbb{E}[X] = e^{\mu + \frac{1}{2}\cdot\sigma^2} = e^{\frac{7}{2}} \approx 33{,}12.$$

Damit berechnen wir die gesuchte Wahrscheinlichkeit durch

$$\begin{aligned}\mathbb{P}\left(X < \frac{33{,}12}{2}\right) &= F_X(16{,}56) = \Phi\left(\frac{\ln(16{,}56) - 3}{1}\right) \approx \Phi(-0{,}19) = 1 - \Phi(0{,}19) \approx 1 - \underbrace{0{,}57535}_{\text{aus Tabelle}}\\ &= 0{,}42465.\end{aligned}$$

3. Dass eine Maus zwischen 15 cm und 25 cm groß wird, errechnen wir durch

$$\begin{aligned}\mathbb{P}(15 < X < 25) &= F_X(25) - F_X(15) = \Phi\left(\frac{\ln(25) - 3}{1}\right) - \Phi\left(\frac{\ln(15) - 3}{1}\right) \approx \Phi(0{,}22) - \Phi(-0{,}29)\\ &= \Phi(0{,}22) - (1 - \Phi(0{,}29)) = \Phi(0{,}22) + \Phi(0{,}29) - 1 \approx \underbrace{0{,}58706}_{\text{aus Tabelle}} + \underbrace{0{,}61409}_{\text{aus Tabelle}} - 1\\ &= 0{,}20115.\end{aligned}$$

4.2.5 Weitere stetige Verteilungen

In diesem Abschnitt betrachten wir drei weitere stetige Verteilungen, die wir als Vorbereitung für die kommenden Inhalte der Statistik benötigen werden. Dabei gehen wir bei diesen Verteilungen nicht, wie in den vorangegangenen Verteilungen, ins Detail, da diese Ergebnisse nicht benötigt werden.

t-Verteilung (1)

t-Verteilung (2)

χ^2-Verteilung:

5 Seien $X_1, \ldots, X_n$ unabhängige standardnormalverteile Zufallsvariablen.
Eine Zufallsvariable Y mit

$$Y = X_1 + \ldots + X_n$$

genügt dann einer χ^2-Verteilung mit n Freiheitsgraden. Wir schreiben kurz $Y \sim \chi^2(n)$.

Weitere Größen der χ^2-Verteilung sind

$$\begin{aligned} \mathbb{E}[Y] &= n \quad \text{und} \\ Var(Y) &= 2 \cdot n. \end{aligned}$$

(student'sche) ***t*-Verteilung:**
Seien zwei unabhängige Zufallsvariablen X und Y mit $X \sim \mathcal{N}(0,1)$ sowie $Y \sim \chi^2(n)$ gegeben. Dann ist die Zufallsvariable T mit

$$T = \sqrt{n} \cdot \frac{X}{\sqrt{Y}}$$

mit n Freiheitsgraden t-verteilt. Wir schreiben kurz $T \sim t(n)$.
Weitere Größen der t-Verteilung sind

$$\begin{aligned} n = 1: &\quad \mathbb{E}[T] \quad \text{existiert nicht.} \\ n > 1: &\quad \mathbb{E}[T] \quad = 0. \\ n \leq 2: &\quad Var(T) \quad \text{existiert nicht.} \\ n > 2: &\quad Var(T) \quad = \frac{n}{n-2}. \end{aligned}$$

(Fisher) ***F*-Verteilung:**
Seien zwei unabhängige Zufallsvariablen $X_m \sim \chi^2(n)$ und $X_n \sim \chi^2(m)$ gegeben. Die Zufallsvariable $F_{m,n}$, die durch

$$F_{m,n} = \frac{\frac{X_m}{m}}{\frac{X_n}{n}}$$

gebildet wird, genügt der sogenannten F-Verteilung mit (m,n) Freiheitsgraden (Reihenfolge beachten! n steht im Nenner). Wir schreiben kurz $F_{m,n} \sim \mathscr{F}(m,n)$.

Weitere Größen der F-Verteilung sind

$$\begin{aligned} n \leq 2: &\quad \mathbb{E}[F_{m,n}] \quad \text{existiert nicht.} \\ n > 2: &\quad \mathbb{E}[F_{m,n}] \quad = \frac{n}{n-2}. \\ n \leq 4: &\quad Var(F_{m,n}) \quad \text{existiert nicht.} \\ n > 4: &\quad Var(F_{m,n}) \quad = \frac{2 \cdot n^2 \cdot (m+n-2)}{m \cdot (n-2)^2 \cdot (n-4)}. \end{aligned}$$

Wie bei der Normalverteilung lassen sich die Verteilungsfunktionen einer χ^2-Verteilung, der t-Verteilung sowie der F-Verteilung nicht geschlossen angeben und ausrechnen, daher werden die Werte in einer Tabelle aufgelistet. Diese Tabelle präsentieren wir im entsprechenden Abschnitt der Hypothesentests, in welchem diese Verteilungen gebraucht werden sowie im Anhang.

F-Verteilung

4.2.6 Zusammenfassung stetiger Verteilungen

Bevor wir zu den mehrdimensionalen Verteilungen übergehen, fassen wir die Erkenntnisse der letzten Seiten kurz zusammen:

Verteilung	Dichte $f(k)$	Verteilungsfunktion $F(t)$	$\mathbb{E}[X]$	$Var(X)$
stetige Gleichverteilung	$\frac{1}{b-a} \cdot \mathbb{1}_{[a,b]}(x)$	$F(t) = \begin{cases} 0 & \text{für } t < a \\ \frac{t-a}{b-a} & \text{für } a \le t < b \\ 1 & \text{für } b \le t \end{cases}$	$\frac{a+b}{2}$	$\frac{(b-a)^2}{12}$
Exponentialverteilung	$\lambda \cdot e^{-\lambda \cdot x} \cdot \mathbb{1}_{[0,\infty)}$	$F(t) = \begin{cases} 0 & \text{für } t < 0 \\ 1 - e^{-\lambda \cdot t} & \text{für } 0 \le t \end{cases}$	$\frac{1}{\lambda}$	$\frac{1}{\lambda^2}$
Normalverteilung	$\frac{1}{\sigma \cdot \sqrt{2\pi}} \cdot e^{-\frac{1}{2} \cdot \left(\frac{x-\mu}{\sigma}\right)^2}$	keine Formel	μ	σ^2
Log-Normalverteilung	$\frac{1}{\sigma \cdot \sqrt{2\pi}} \cdot e^{-\frac{1}{2} \cdot \left(\frac{\ln(x)-\mu}{\sigma}\right)^2}$	keine Formel	$e^{\mu + \frac{1}{2} \cdot \sigma^2}$	$e^{2 \cdot \mu + \sigma^2} \cdot \left(e^{\sigma^2} - 1\right)$

4.3 Mehrdimensionale Verteilungen

Nun befassen wir uns mit mehrdimensionalen Verteilungen. Diese finden Anwendung, wenn nicht nur ein Merkmal stochastisch beschrieben werden soll, sondern gleichzeitig mehrere. Beispielsweise kann die Wahrscheinlichkeit des Hauspreises anhand der Quadratmeter (Wohnfläche + Nutzfläche) abgebildet werden oder die Wahrscheinlichkeit des Gewichts eines Menschen kann durch Alter und Größe zugeordnet werden. Wir beginnen mit einer allgemeinen Definition für beliebige Dimensionen für mehrdimensionale diskrete und stetige Zufallsvariablen und schränken uns dann auf zwei Dimensionen ein, um die Inhalte verständlicher erklären zu können.

4.3.1 Mehrdimensionale diskrete Verteilungen

Als Ausgangsbedingung betrachten wir n diskrete Zufallsvariablen X_1 mit Ausprägungen $x_{i_1}^{(1)}$ für $i_1 = 1,...,n_1$ und X_2 mit Ausprägungen $x_2^{(2)}$ für $i_2 = 1,...,n_2$ bis X_k mit Ausprägungen $x_{i_k}^{(k)}$ für $i_k = 1,...,n_k$. Die Menge aller Kombinationen bezeichnen wir mit

$$A_k = \left\{(x_{i_1}^{(1)},...,x_{i_k}^{(k)}) \mid i_1 \in (1,...,n_1),...,i_k \in (1,...,n_k)\right\}.$$

Damit erhalten wir:

> Seien für $k \in \mathbb{N}$ die diskreten Zufallsvariablen $X_1,...,X_k$ gegeben. Wir erhalten die gemeinsame Wahrscheinlichkeitsdichte durch
>
> $$f(x_1,...,x_k) = \begin{cases} \mathbb{P}(X_1 = x_1,\ X_2 = x_2,\ ...,\ X_k = x_k), & (x_1,...,x_k) \in A_k \\ 0, & \text{sonst} \end{cases}.$$

Im Folgenden beschränken wir uns zur besseren Verständlichkeit auf zwei Dimensionen, da im Falle der Verteilungsfunktion und weiteren Größen aufwändige Summationen entstehen werden. Sei also X eine diskrete Zufallsvariable mit Ausprägungen $x_1, ..., x_n$ und Y eine diskrete Zufallsvariable mit Ausprägungen $y_1, ..., y_m$. Dann hat die gemeinsame Wahrscheinlichkeitsdichte die Form

$$f(x,y) = \begin{cases} \mathbb{P}(X = x,\ Y = y), & (x,y) \in A_2 \\ 0, & \text{sonst} \end{cases}.$$

Dadurch, dass bei diskreten Zufallsvariablen nur endlich viele Ausprägungen und damit nur endlich viele Kombinationen von Ausprägungen auftreten können, hat sich in zwei Dimensionen eine Darstellungskonvention durchgesetzt:

Sei abkürzend $\mathbb{P}(X = x_i,\ Y = y_j) = p_{ij}$, so können wir alle auftretenden Werte der Wahrscheinlichkeitsdichte in zwei Dimensionen durch die sogenannte Kontingenztafel darstellen:

Kontingenztafel

$X \backslash Y$	y_1	y_2	$\cdots$	y_m	Summe
x_1	p_{11}	p_{12}	$\cdots$	p_{1m}	$p_{1\bullet}$
x_2	p_{21}	p_{22}	$\cdots$	p_{2m}	$p_{2\bullet}$
$\vdots$	$\vdots$	$\vdots$	$\ddots$	$\vdots$	$\vdots$
x_n	p_{n1}	p_{n2}	$\cdots$	p_{nm}	$p_{n\bullet}$
Summe	$p_{\bullet 1}$	$p_{\bullet 2}$	$\cdots$	$p_{\bullet m}$	100%

4-Felder-Tafel (1)

4-Felder-Tafel (2)

6-Felder-Tafel + Bayes

Die angegebenen Summen $p_{\bullet j}$ und $p_{i\bullet}$ erhalten wir durch Aufsummieren der entsprechenden Zeile oder Spalte bei festgehaltenem i bzw. j. Diese Summen haben einen eigenen Namen:

Seien X, Y zwei diskrete Zufallsvariablen mit Ausprägungen x_i für $i = 1, ..., n$ und y_j für $j = 1, ..., m$ sowie $p_{ij} = \mathbb{P}(X = x_i,\ Y = y_j) = f(x_i, y_j)$, so erhalten wir die **Randverteilungen** der gemeinsamen Verteilung durch

$$f_X(x_i) = \mathbb{P}(X = x_i) = p_{i\bullet} = \sum_{j=1}^{m} p_{ij} = \sum_{j=1}^{m} f(x_i, y_j) \quad \text{und}$$

$$f_Y(y_j) = \mathbb{P}(Y = y_j) = p_{\bullet j} = \sum_{i=1}^{n} p_{ij} = \sum_{i=1}^{n} f(x_i, y_j).$$

Halten wir für eine Variable jeweils eine Ausprägung fest, so erhalten wir durch Summation über alle Ereignisse der anderen Variable die Verteilung.

Die zugehörige gemeinsame Verteilungsfunktion erhalten wir durch

$$F(x,y) = \mathbb{P}(X \le x,\ Y \le y) = \sum_{A_2} f(x_i, y_j) = \sum_{x_i \le x} \sum_{y_j \le y} f(x_i, y_j) = \sum_{x_i \le x} \sum_{y_j \le y} p_{ij}.$$

Wie bei der Wahrscheinlichkeitsdichte können wir Randverteilungen, also die Verteilungsfunktion der einzelnen Zufallsvariablen abgeleitet aus der gemeinsamen Verteilung, angeben:

$$\begin{aligned} F_X(x) &= F_X(X \leq x) = \sum_{x_i \leq x} \sum_{j=1}^{m} f(x_i, y_j) = \sum_{x_i \leq x} \sum_{j=1}^{m} p_{ij} \\ F_Y(y) &= F_Y(Y \leq y) = \sum_{i=1}^{n} \sum_{y_j \leq y} f(x_i, y_j) = \sum_{i=1}^{n} \sum_{y_j \leq y} p_{ij} \end{aligned}$$

Dabei bedeutet beispielsweise $\sum_{x_i \leq x} f(x_i, y_j)$, dass sobald eine Ausprägung x_i kleiner als der geforderte Wert x ist, dieser mit in der Summe auftauchen muss. Es ist für $(x_1, x_2, x_3) = (1, 2, 3)$ und beispielhaft $x = 2{,}5$

$$\sum_{x_i \leq 2{,}5} f(x_i, y_j) = f(x_1, y_j) + f(x_2, y_j) = f(1, y_j) + f(2, y_j).$$

Als weitere Größe betrachten wir für zweidimensionale Verteilungen den Erwartungswert. Diesen bilden wir komponentenweise:

Seien X und Y zwei diskrete Zufallsvariablen, dann gilt $\mathbb{E}[(X, Y)] = (\mathbb{E}[X], \mathbb{E}[Y])$.

Außerdem können wir folgende Formeln beispielhaft festhalten:

$$\begin{aligned} \mathbb{E}[X] &= \sum_{i=1}^{n} i \cdot f_X(x_i) = \sum_{i=1}^{n} i \cdot \mathbb{P}(X = x_i) = \sum_{i=1}^{n} i \cdot p_{i\bullet} \\ \mathbb{E}[Y] &= \sum_{j=1}^{m} j \cdot f_Y(y_j) = \sum_{j=1}^{m} j \cdot \mathbb{P}(Y = y_j) = \sum_{j=1}^{m} j \cdot p_{\bullet j} \\ \mathbb{E}[X \cdot Y] &= \sum_{i=1}^{n} \sum_{j=1}^{m} i \cdot j \cdot f(x_i, y_j) = \sum_{i=1}^{n} \sum_{j=1}^{m} i \cdot j \cdot \mathbb{P}(X = x_i, Y = y_j) = \sum_{i=1}^{n} \sum_{j=1}^{m} i \cdot j \cdot p_{ij} \end{aligned}$$

Neben dem Erwartungswert lassen sich bedingte Wahrscheinlichkeiten mit Hilfe der Randverteilungen definieren und ausrechnen:

Seien X und Y zwei diskrete Zufallsvariablen, so gilt

$$\begin{aligned} \mathbb{P}(X = x_i \mid Y = y_j) &= \frac{\mathbb{P}(X = x_i, Y = y_j)}{\mathbb{P}(Y = y_j)} = \frac{f(x_i, y_j)}{f_Y(y_j)} = \frac{p_{ij}}{p_{\bullet j}} \quad \text{und} \\ \mathbb{P}(Y = y_j \mid X = x_i) &= \frac{\mathbb{P}(X = x_i, Y = y_j)}{\mathbb{P}(X = x_i)} = \frac{f(x_i, y_j)}{f_X(x_i)} = \frac{p_{ij}}{p_{i\bullet}}. \end{aligned}$$

Im Falle von $p_{i\bullet} = 0$ oder $p_{\bullet j} = 0$, setzen wir die entsprechende bedingte Wahrscheinlichkeit = 0.

In einer Dimension haben wir den Begriff der Unabhängigkeit im Bezug auf Mengen bereits eingeführt. Diesen können wir nun auch auf Zufallsvariablen übertragen:

Seien X und Y zwei diskrete Zufallsvariablen, so sind diese unabhängig, wenn sich die gemeinsame Verteilung als Produkt der Randverteilungen verstehen lässt, also wenn

$$\begin{aligned} f(x, y) &= f_X(x) \cdot f_Y(y) \quad \text{oder} \\ \mathbb{P}(X = x \mid Y = y) &= \mathbb{P}(X = x) \quad \text{bzw.} \\ \mathbb{P}(Y = y \mid X = x) &= \mathbb{P}(Y = y). \end{aligned}$$

Beispiel: Mehrdimensionale diskrete Verteilung

Wir werfen einen fairen Würfel und definieren diskrete Zufallsvariablen X und Y so, dass X den gewürfelten Wert zurückgibt und Y die Anzahl der Buchstaben des Werts als Text. Würfeln wir eine 3, so ist $X = 3$ und $Y = 4$, da 3 = drei durch vier Buchstaben gebildet wird. Damit erhalten wir folgende Kontingenztafel:

Kontingenztafel

Augen \ Buchstaben	4	5	Summe
1	$\frac{1}{6}$	0	$\frac{1}{6}$
2	$\frac{1}{6}$	0	$\frac{1}{6}$
3	$\frac{1}{6}$	0	$\frac{1}{6}$
4	$\frac{1}{6}$	0	$\frac{1}{6}$
5	$\frac{1}{6}$	0	$\frac{1}{6}$
6	0	$\frac{1}{6}$	$\frac{1}{6}$
Summe	$\frac{5}{6}$	$\frac{1}{6}$	100%

Anhand der Tabelle können wir beispielhaft ablesen:

$$\begin{aligned} \mathbb{P}(Y = 4) &= p_{\bullet 4} = \tfrac{5}{6} \\ \mathbb{P}(X = 6) &= p_{6\bullet} = \tfrac{1}{6}. \end{aligned}$$

Im Folgenden berechnen wir noch die bedingte Wahrscheinlichkeit, dass wir eine 1 gewürfelt haben, wenn wir bereits wissen, dass $Y = 4$ gilt. Insgesamt führt dies zu

$$\mathbb{P}(X = 1 \mid Y = 4) = \frac{\mathbb{P}(X = 1,\ Y = 4)}{\mathbb{P}(Y = 4)} = \frac{p_{14}}{p_{\bullet 4}} = \frac{\frac{1}{6}}{\frac{5}{6}} = \frac{1}{6} \cdot \frac{6}{5} = \frac{1}{5}.$$

Zum Schluss berechnen wir den Erwartungswert $\mathbb{E}[X \cdot Y]$:

$$\begin{aligned} \mathbb{E}[X \cdot Y] = \sum_{i=1}^{6}\sum_{j=4}^{5} i \cdot j \cdot p_{ij} &= 4 \cdot (1 \cdot p_{14} + 2 \cdot p_{24} + 3 \cdot p_{34} + 4 \cdot p_{44} + 5 \cdot p_{54} + 6 \cdot p_{64}) \\ &\quad + 5 \cdot (1 \cdot p_{15} + 2 \cdot p_{25} + 3 \cdot p_{35} + 4 \cdot p_{45} + 5 \cdot p_{55} + 6 \cdot p_{65}) \\ &= 4 \cdot (1 \cdot \frac{1}{6} + 2 \cdot \frac{1}{6} + 3 \cdot \frac{1}{6} + 4 \cdot \frac{1}{6} + 5 \cdot \frac{1}{6} + 6 \cdot 0) \\ &\quad + 5 \cdot (1 \cdot 0 + 2 \cdot 0 + 3 \cdot 0 + 4 \cdot 0 + 5 \cdot 0 + 6 \cdot \frac{1}{6}) \\ &= 15 \end{aligned}$$

4.3.2 Mehrdimensionale stetige Verteilungen

In diesem Abschnitt betrachten wir mehrdimensionale stetige Verteilungen. Wie auch im vorigen Abschnitt definieren wir die Verteilungen zu Beginn einmalig allgemein und beschränken uns daraufhin zur besseren Verständlichkeit auf zwei Dimensionen. Wir werden sehen, dass der Unterschied zwischen diskreten und stetigen Verteilungen im Wesentlichen erneut den Übergang von Summation zur Integration mit sich führt.

> Seien $X_1,...,X_n$ stetige Zufallsvariablen und $x_1,...,x_n \in \mathbb{R}$. Existiert eine Funktion $f: \mathbb{R}^n \to \mathbb{R} \geq 0$, sodass
>
> $$\mathbb{P}(X_1 \leq x_1, \ldots, X_n < x_n) = \int_{-\infty}^{x_1} \int_{-\infty}^{x_2} \ldots \int_{-\infty}^{x_n} f(t_1,...,t_n)\, dt_n dt_{n-1} \ldots dt_1,$$
>
> so sprechen wir bei $X = (X_1,...,X_n)$ von der gemeinsamen stetigen Verteilung mit gemeinsamer Wahrscheinlichkeitsdichte $f(x_1,...,x_n)$.

Dies führt bei Betrachtung in zwei Dimensionen zu

$$\mathbb{P}(X \leq x,\ Y \leq y) = \int_{-\infty}^{x} \int_{-\infty}^{y} f(s,t)\, dt ds.$$

Der Graph einer solchen Verteilung in zwei Dimensionen hat beispielsweise die Form:

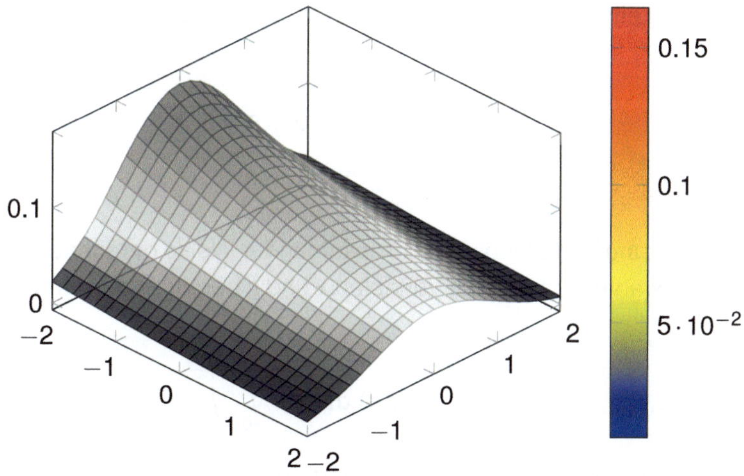

Wie man ein solches Doppelintegral berechnet, betrachten wir am Ende des Abschnitts anhand eines Beispiels. Zunächst geben wir noch an, dass wir auch bei den stetigen mehrdimensionalen Verteilungen anhand der gemeinsamen Verteilung die beteiligten einzelnen Verteilungen herausrechnen können:

> Seien X, Y zwei stetige Zufallsvariablen mit gemeinsamer Verteilung (X, Y) und zugehöriger Wahrscheinlichkeitsdichte $f(x,y)$, so ergeben sich die **Randverteilungen** durch
>
> $$f_X(x) = \mathbb{P}(X \leq x) = \int_{-\infty}^{\infty} f(x,y)\, dy \quad \text{und}$$
>
> $$f_Y(y) = \mathbb{P}(Y \leq y) = \int_{-\infty}^{\infty} f(x,y)\, dx.$$
>
> Wir „integrieren die Information der anderen Variable heraus“.

Außerdem ergeben sich sowohl für die bedingte Wahrscheinlichkeit als auch für die Unabhängigkeit in abstrakten Formeln kein Unterschied. Hier muss nur bei der Berechnung darauf geachtet werden, dass in den angegebenen Größen Integrale statt Summen stecken.

Seien X und Y zwei stetige Zufallsvariablen mit gemeinsamer Wahrscheinlichkeitsdichte $f(x,y)$, so gilt

$$f_Y(y \mid X=x) = \frac{f(x,y)}{f_X(x)} \quad \text{sowie}$$

$$f_X(x \mid Y=y) = \frac{f(x,y)}{f_Y(y)}$$

und wir setzen die bedingte Wahrscheinlichkeit = 0, falls $f_Y(y)=0$ oder $f_X(x)=0$ gilt.

Wir sagen, dass X und Y unabhängig sind, wenn

$$f(x,y) = f_X(x)\cdot f_Y(y) \quad \text{oder}$$

$$f_Y(y \mid X=x) = f_Y(y) \quad \text{bzw.}$$

$$f_X(x \mid Y=y) = f_X(x).$$

Beispiel: Mehrdimensionale stetige Verteilung

Betrachten wir für zwei stetige Zufallsvariablen X und Y als Beispiel folgende gemeinsame Wahrscheinlichkeitsdichte

$$f(x,y) = \begin{cases} 4\cdot e^{-2x-2y}, & x>0, y>0. \\ 0, & \text{sonst} \end{cases}$$

Wir können die gemeinsame Verteilungsfunktion in folgender Weise berechnen (Wir müssen andere Variablen im Integral wählen, da sich die Variablen x und y bereits in den Grenzen wiederfinden). Für $x>0$ und $y=0$ gilt

$$F(X\le x,\ Y\le y) = \int_{-\infty}^{x}\int_{-\infty}^{y} f(s,t)\,dt\,ds = \int_0^x\int_0^y 4\cdot e^{-2s-2t}\,dt\,ds.$$

An dieser Stelle wird entweder zuerst nach t integriert und die Variable y eingesetzt, während die Variable s als konstant angesehen wird oder wir haben den angenehmeren Fall, dass sich die Integrale trennen lassen:

$$\begin{aligned}\int_0^x\left(\int_0^y 4\cdot e^{-2s-2t}\,dt\right)ds &= 4\cdot\int_0^x e^{-2s}\,ds\cdot\int_0^y e^{-2t}\,dt = 4\cdot\left[-\frac{1}{2}e^{-2s}\right]_0^x\cdot\left[-\frac{1}{2}e^{-2t}\right]_0^y \\ &= 2\cdot\left(-\frac{1}{2}e^{-2x}+\frac{1}{2}e^{0}\right)\cdot 2\cdot\left(-\frac{1}{2}e^{-2y}+\frac{1}{2}e^{0}\right) \\ &= \left(1-e^{-2x}\right)\cdot\left(1-e^{-2y}\right) \\ &= 1-e^{-2x}-e^{-2y}+e^{-2x-2y}.\end{aligned}$$

Für $x\le 0$ oder $y\le 0$ erhalten wir

$$F(X\le x,\ Y\le y) = 0.$$

Außerdem können wir Wahrscheinlichkeiten wie $\mathbb{P}(1 < X < 3, -1 < Y < 2)$ berechnen:

$$\mathbb{P}(1 < X < 3, -1 < Y < 2) = \int_1^3 \int_0^2 e^{-2x-2y}\, dy\, dx = \int_1^3 \left[-\frac{1}{2}e^{-2x-2y}\right]_0^2 dx$$

Nun setzen wir, da wir das Integral nach y berechnet haben, die Grenzen für y ein und integrieren anschließend nach x:

$$\begin{aligned} &= \int_1^3 -\frac{1}{2}e^{-2x-4} + \frac{1}{2}e^{-2x}\, dx = \left[\frac{1}{4}e^{-2x-4} - \frac{1}{4}e^{-2x}\right]_1^3 \\ &= \frac{1}{4}e^{-6-4} - \frac{1}{4}e^{-6} - \left(\frac{1}{4}e^{-2-4} - \frac{1}{4}e^{-2}\right) \\ &= \frac{1}{4}\cdot\left(e^{-10} - 2e^{-6} + e^{-2}\right). \end{aligned}$$

Abschließen möchten wir diesen Abschnitt mit der Berechnung der Randverteilungen und der Unabhängigkeit:

$$\begin{aligned} f_X(x) &= \int_{-\infty}^{\infty} f(x,y)\, dy = \int_0^{\infty} 4\cdot e^{-2x-y}\, dy = 4\cdot \lim_{b\to\infty} \int_0^b e^{-2x-2y}\, dy = 4\cdot \lim_{b\to\infty} \left[-\frac{1}{2}e^{-2x-2y}\right]_0^b \\ &= 4\cdot \lim_{b\to\infty} -\frac{1}{2}e^{-2x-2b} + \frac{1}{2}e^{-2x} = 2e^{-2x}. \end{aligned}$$

und analog $f_Y(y) = 2e^{-2y}$.

Damit erhalten wir für $x > 0$ und $y > 0$

$$f(x,y) = 4\cdot e^{-2x-2y} = \left(2\cdot e^{-2x}\right)\cdot\left(2\cdot e^{-2y}\right) = f_X(x)\cdot f_Y(y)$$

und sonst den Ausdruck $0 = 0$, sodass die beiden Zufallsvariablen X und Y mit dieser gemeinsamen Dichte unabhängig sind.

4.3.3 Mehrdimensionale Normalverteilung

In diesem Abschnitt möchten wir kurz eine spezielle mehrdimensionale Verteilung namens mehrdimensionale Normalverteilung anreißen.

Sei $n \in \mathbb{N}$ und $X = (X_1, ..., X_n)$ ein Zufallsvektor, wobei $X_i \sim \mathcal{N}(\mu_i, \sigma_i)$ gilt. So genügt X einer mehrdimensionalen Normalverteilung und wir schreiben

$$X \sim \mathcal{N}((\mu_1, ..., \mu_n), \Sigma),$$

wobei $\Sigma_{ij} = Cov(X_i, X_j)$ eine $n \times n$-Matrix ist, die sogenannte Kovarianzmatrix.

Für $\mathbf{x} = \begin{pmatrix} x_1 \\ \vdots \\ x_n \end{pmatrix}$ und $\mu = \begin{pmatrix} \mu_1 \\ \vdots \\ \mu_n \end{pmatrix}$ können wir die gemeinsame Wahrscheinlichkeitsdichte direkt angeben durch

$$f(\mathbf{x}) = \frac{1}{\sqrt{(2\pi)^n \cdot \det(\Sigma)}} \cdot e^{-\frac{1}{2}\cdot(\mathbf{x}-\mu)^T\cdot\Sigma^{-1}\cdot(\mathbf{x}-\mu)}.$$

Diese Definition sieht auf den ersten Blick sehr wild aus, daher betrachten wir eine formale Darstellung in zwei Dimensionen, in welcher sich die Werte etwas vereinfachen:

Seien X und Y jeweils identisch normalverteilt mit Erwartungswerten $\mu = 0$ und Varianz σ^2. Für die Kovarianz erhalten wir in zwei Dimensionen die beiden Zusammenhänge

$$\begin{aligned} Cov(X, Y) &= Cov(Y, X) \quad \text{und} \\ Cov(X, X) &= \sigma^2. \end{aligned}$$

Die Kovarianzmatrix ergibt sich damit durch

$$\Sigma = \begin{pmatrix} \sigma^2 & Cov(X, Y) \\ Cov(Y, X) & \sigma^2 \end{pmatrix}.$$

Sei ρ der Korrelationskoeffizient, so ergibt sich in zwei Dimensionen die Wahrscheinlichkeitsdichte

$$f(x,y) = \frac{1}{2 \cdot \pi \cdot \sigma^2 \cdot \sqrt{1-\rho^2}} \cdot e^{-\frac{1}{2 \cdot \sigma^2 \cdot (1-\rho^2)} \cdot \left(x^2 - 2\rho xy + y^2\right)}$$

und diese lässt sich visuell folgendermaßen darstellen:

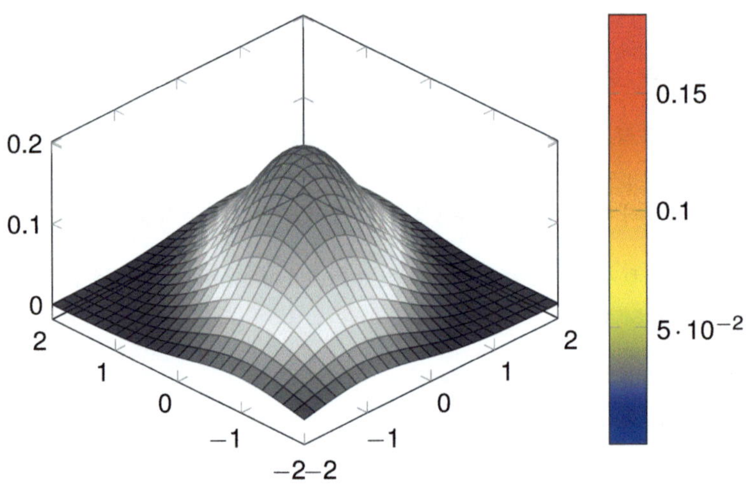

4.4 Aufgaben

Lösungen

Aufgabe 52: (Level:)
Sei X eine binomialverteilte Zufallsvariable mit Erfolgswahrscheinlichkeit $p = \frac{1}{3}$. Berechne die Wahrscheinlichkeit, bei 10 Versuchen genau 3 Erfolge zu haben.

Aufgabe 53: (Level:)
Sei X eine geometrisch verteilte Zufallsvariable mit Erfolgswahrscheinlichkeit $p = \frac{1}{5}$. Wie groß ist der Erwartungswert und wie würde man diesen für eine geometrisch verteilte Zufallsvariable interpretieren?

Aufgabe 54: (Level:)
Wir werfen eine faire Münze 50 Mal. Wie groß ist die Wahrscheinlichkeit, dass wir zwischen 10 und 15 Mal „Kopf“ erhalten? Welche Anzahl würden wir bei 500 Würfen erwarten?

Aufgabe 55: (Level:)
Bernd besitzt die Angewohnheit, nie ohne seinen Regenschirm das Haus zu verlassen. Die Regenwahrscheinlichkeit der nächsten Tage liegt jeden Tag bei 20%. Wie hoch ist die Wahrscheinlichkeit, dass Bernd am sechsten Tag erstmals seinen Regenschirm zurecht mitgenommen hat und diesen wegen Regen benutzen muss?

Aufgabe 56: (Level:)
Dieter ist bekennender Fan des FC Schalke 04. Für seine Mannschaft können wir momentan annehmen, dass diese im Mittel 0,4 Tore pro 90 Minuten Spielzeit erzielt. Wie hoch ist die Wahrscheinlichkeit, dass Schalke im nächsten Bundesligaspiel mindestens zwei Tore schießt?

Aufgabe 57: (Level:)
Ein Onlineshop benutzt für seine Verschlüsselungen einmalige fünfstellige RSA-Codes, bestehend aus den Ziffern 1-9 und dem Buchstaben *A*. Dabei darf jedes Element auch mehrfach auftreten, beispielsweise sind 12345 oder 12*A*3*A* valide Codes. Aufgrund einfacherer Datenstrukturen werden jedem Kunden drei verschiedene Codes zugeordnet. Wie hoch ist die Wahrscheinlichkeit, dass ein Hacker bei 5 verschiedenen Versuchen einen richtigen Code generiert?

Aufgabe 58: (Level:)
Bei einer großen Sportveranstaltung treten neben sieben europäischen Ländern noch vier südamerikanische, fünf afrikanische und sechs asiatische Teams an. Wie hoch ist die Wahrscheinlichkeit, dass in einer vierer Gruppe zwei europäische Teams, ein afrikanisches und ein asiatisches Team landen?

Aufgabe 59: (Level:)
Bei einem Trinkspiel werden verschiedenfarbige Würfel per Zufall gezogen, geworfen und zurückgelegt. Die jeweilige Augenzahl in Verbindung mit der Farbe bestimmt den Drink. Aus einem Becher mit drei blauen, drei grünen und vier roten Würfeln wird dreimal gezogen. Wie wahrscheinlich ist es, dass man von jeder Farbe einen Würfel erhält?

Aufgabe 60: (Level:)
Bei einer Statistikklausur besteht jeder Studierende mit einer Wahrscheinlichkeit von 45%. Wie wahrscheinlich sind mehr als 10 bestandene Klausuren bei einer Kursgröße von 18?

Aufgabe 61: (Level:)
Die nächste WG-Party wird sehnlichst erwartet und natürlich darf das traditionelle Bier-Pong nicht fehlen. Ein besonders geübter Bier-Pong-Spieler trifft den Becher mit einer Wahrscheinlichkeit von 40%. Wie groß ist die Wahrscheinlichkeit, dass er mit zehn Würfen erstmals sechs Becher trifft? Wie viele Versuche erwarten wir, bis er die sechs Becher getroffen hat?

Aufgabe 62: (Level:)
Bei einem Schnelltest für Corona sei bekannt, dass dieser mit einer Wahrscheinlichkeit von 5% das falsche Ergebnis liefert. Wie groß ist die Wahrscheinlichkeit, dass bei 1000 Testungen 40 der Tests ein falsches Ergebnis angeben? Benutze dafür die Approximation der Poisson-Verteilung.

Aufgabe 63: (Level:)
Für einen Multiple-Choice Test, der 20 Fragen umfasst, ist ein Lehramtsstudent aufgrund einer „partyreichen" Vorwoche schlecht auf den Inhalt vorbereitet. Jede Frage besitzt 6 Möglichkeiten und der Student kreuzt bei jeder Frage zufällig eine davon an. Berechne die Wahrscheinlichkeiten der folgenden Ereignisse:

a) Der Student hat mindestens 7 Antworten richtig.

b) Der Student hat höchstens 2 Antworten richtig.

c) Der Student hat alle Antworten richtig.

d) Bei 80 TeilnehmerInnen, die alle wie der hier beschriebene Student agieren, hat mindestens einer volle Punktzahl.

Aufgabe 64: (Level:)
In einer Urne befinden sich 6 rote und 14 blaue Kugeln. Es werden zufällig Kugeln mit Zurücklegen gezogen. Berechne die Wahrscheinlichkeit des Ereignisses „Nach 6 Ziehungen ziehen wir erstmals eine rote Kugel“.

Aufgabe 65: (Level:)
Sei X exponentialverteilt mit Parameter $\lambda = \frac{1}{2}$.

a) Wie lauten die Dichte und die Verteilungsfunktion bezüglich X?

b) Wie groß ist die Wahrscheinlichkeit, dass X größer als 3 ist?

c) Wie groß ist der Erwartungswert von X?

Aufgabe 66: (Level:)
Sei $X \sim \mathcal{N}(0,1)$. Berechne $F(1)$ und $\mathbb{P}(-1 < X < 1)$.

Aufgabe 67: (Level:)
Die Funktionsdauer eines neuen Smartphones sei exponentialverteilt. Die mittlere Dauer wird auf 3 Jahre geschätzt. Wie groß ist die Wahrscheinlichkeit, dass

a) das Smartphone bereits innerhalb der nächsten beiden Jahre kaputt geht?

b) das Smartphone länger als 4 Jahre benutzt werden kann?

c) das Smartphone 6 Jahre benutzt werden kann, wenn es in drei Jahren noch funktioniert?

Aufgabe 68: (Level:)
Sei $X \sim \mathcal{LN}(1,4)$. Wie groß ist die Wahrscheinlichkeit, dass

a) X größer als zwei ist?

b) X zwischen 1 und 3 liegt?

Welche Verteilung besitzt $Y = X^2$?.

Aufgabe 69: (Level:)
Die Preise pro Liter von Benzin an der lokalen Tankstelle seien normalverteilt mit Erwartungswert 1,5 und Varianz 0,16. Wie groß ist die Wahrscheinlichkeit, dass

a) der Preis von Benzin zwischen 1,40 € und 1,60 € liegt?

b) der Preis pro Liter teurer als 2 € ist?

c) Was ist der höchste Preis, der mit einer Wahrscheinlichkeit von 90% noch unterschritten wird?

Aufgabe 70: (Level:)
Für die Anzahl an fertiggestellten Produkten einer Maschine werden zwei Modelle vorgestellt. Zum Einen sei X eine exponentialverteilte Zufallsvariable mit $\lambda = \frac{1}{4}$ und zum anderen sei Y eine lognormalverteilte Zufallsvariable mit $\mu = 1$ und unbekannter Varianz. Wie groß darf die Varianz maximal sein, damit in der Modellierung mit Y im Mittel weniger Produkte hergestellt werden, als in der Modellierung mit X?

Aufgabe 71: (Level:)
Seien X_1, X_2 und X_3 unabhängige exponentialverteilte Zufallsvariablen mit Parameter $\lambda = \frac{1}{2}$ und weiter seien $Y = \max(X_1, X_2, X_3)$ und $Z = \min(X_1, X_2, X_3)$.

a) Bestimme die Verteilungsfunktion von Y und Z.

b) Berechne den Erwartungswert von Z.

Aufgabe 72: (Level:)
Wir betrachten die allgemeine quadratische Gleichung

$$x^2 + px + q = 0.$$

Die Zufallsvariable $X = (p, q)$ sei auf $[0, 2]$ gleichverteilt. Wie groß ist die Wahrscheinlichkeit, dass die quadratische Gleichungen genau 2 Lösungen besitzt?

Aufgabe 73: (Level:)
Sei X eine auf $[-a, a]$ gleichverteilte Zufallsvariable. Zeige, dass

a) X und X^2 unkorreliert sind.

b) Bestimme die Wahrscheinlichkeit $\mathbb{P}(Y > 1)$ für $Y = \exp(X)$.

Aufgabe 74: (Level:)
Bei einem Zufallsexperiment ist folgende Kontingenztafel entstanden:

Kontingenztafel

$X \backslash Y$	y_1	y_2	Summe
x_1	$\frac{1}{6}$	$\frac{1}{6}$	?
x_2	$\frac{1}{4}$	$\frac{1}{6}$	?
x_3	$\frac{1}{12}$	0	?
x_4	0	$\frac{1}{6}$	?
Summe	?	?	?

Fülle zunächst die fehlenden Einträge der Tafel aus. Wie groß ist die Wahrscheinlichkeit

a) $\mathbb{P}(X = 1,\ Y = 2)$?

b) $\mathbb{P}(X < 4)$?

c) $\mathbb{P}(Y > 1)$?

d) $\mathbb{P}(X = 1 \mid Y = 2)$?

e) $\mathbb{P}(Y = 1 \mid X = 1)$?

Welchen Wert ergeben die Erwartungswerte

a) $\mathbb{E}[X]$?

b) $\mathbb{E}[X \cdot Y]$?

Sind die Zufallsvariablen X und Y unabhängig?

Aufgabe 75: (Level:)
Bei einer kleinen Tombola in einem Kindergarten werden 15 Gegenstände per Zufall verkauft. Drei der Gegenstände sind große Kuscheltiere, fünf entsprechen einem kleinen Spielzeug und sieben sind Seifenblasen. Eine Mutter kauft für ihr Kind zwei Gegenstände. Die Zufallsvariable X beschreibe die Anzahl an erhaltenen Kuscheltieren und Y die Anzahl an erhaltenen Spielzeugen.

Stelle die zugehörige Kontingenztafel auf und berechne

a) $\mathbb{P}(X = 1, Y = 1)$.

b) $\mathbb{P}(X = 0)$.

c) $\mathbb{P}(Y = 0 \mid X = 1)$.

Aufgabe 76: (Level:)
Sei die gemeinsame Dichte für die Zufallsvariablen X und Y durch

$$f(x,y) = \begin{cases} \dfrac{12 \cdot e^{-3x}}{e^{4y}} & \text{für } x > 0, y > 0 \\ 0 & \text{sonst} \end{cases}$$

gegeben. Wie lautet/lauten in diesem Fall

a) $f(2,2)$?

b) die gemeinsame Verteilungsfunktion?

c) die Wahrscheinlichkeiten $\mathbb{P}(X < 1,\ Y < 1)$ und $\mathbb{P}(X \leq 2,\ Y > 2)$?

d) die einzelnen Dichten der Zufallsvariablen X und Y?

e) die nach Y bedingte Dichte $f(x \mid Y = y)$

Sind die Zufallsvariablen unabhängig?

Aufgabe 77: (Level:)
Sei $X = (X_1, X_2)$ ein Zufallsvektor mit $\mu_1 = \mu_2 = 0$ sowie $\sigma_1^2 = 1$ und $\sigma_2^2 = 4$. Zudem sei $Cov(X_1, X_2) = Cov(X_2, X_1) = 1$. Wie lautet die Dichte von X?

5 Grenzwertsätze und Abschätzungen

In diesem Abschnitt setzen wir uns mit Abschätzungen von Wahrscheinlichkeiten auseinander, welche es ermöglichen, ohne direkte Berechnung eine Schranke für die entsprechende Wahrscheinlichkeit zu finden. Oft ist dies ausreichend, um ein Gefühl für die Größe zu bekommen, wenn man im Sachzusammenhang nicht an der exakten Lösung interessiert ist. Im Anschluss werden wir Grenzwertsätze studieren, die Aufschluss über Folgen von Zufallsvariablen geben können. Hier wird das bekannteste Beispiel der zentrale Grenzwertsatz sein, der die Wichtigkeit der Normalverteilung verdeutlicht.

5.1 Markow-Ungleichung

Die Markow-Ungleichung liefert eine obere Schranke für die Wahrscheinlichkeit, einen gewissen Wert zu überschreiten.

> Sei X eine Zufallsvariable, $c \in \mathbb{R}$ und $h : D_h \to (0, \infty)$ eine monoton wachsende Funktion, sodass $h(X)$ definiert ist. Dann gilt
>
> $$\mathbb{P}(X \geq c) \leq \frac{\mathbb{E}[h(X)]}{h(c)}.$$
>
> Dies liefert für spezielle Wahlen von h und c mehrere Ungleichungen, von denen wir vier bekannte Versionen darstellen möchten:
>
> $$\begin{aligned} \mathbb{P}(X \geq c) &\leq \frac{\mathbb{E}[X]}{c} && \text{für } h(x) = x \\ \mathbb{P}(X \geq c) &\leq \frac{\mathbb{E}[X^n]}{c^n} && \text{für } h(x) = x^n \\ \mathbb{P}(X \geq \varepsilon \cdot \mathbb{E}[X]) &\leq \frac{1}{\varepsilon} && \text{für } h(x) = x \text{ und } c = \varepsilon \cdot \mathbb{E}[X] \\ \mathbb{P}(|X| \geq c) &\leq \frac{\mathbb{E}[h(|X|)]}{c} && \text{für die Zufallsvariable } |X| \end{aligned}$$

Beispiel: Markow-Ungleichung
Bei einem Stand werden Lose für ein Gewinnspiel verkauft. Insgesamt werden 100 Lose angeboten, von denen 10 zu einem Gewinn führen. Der Veranstalter möchte die Anzahl an Losen, die eine Person kaufen kann, begrenzen und fordert daher eine grobe Einschätzung, wie hoch die Wahrscheinlichkeit maximal sei, dass bei 10 gekauften Losen mehr als 2 Gewinne enthalten sind.

Diese Aufgabe ist natürlich exakt lösbar, allerdings möchten wir an dieser Stelle die Einschätzung mit Hilfe der Markow-Ungleichung vornehmen. Bei diesem Gewinnspiel handelt es sich um ein Ziehen ohne Zurücklegen von Losen, welche wir in zwei Kategorien unterteilen können: Gewinn und Niete. Daher bietet sich für unser Modell die Hypergeometrische Verteilung an. Wir wählen

$$X \sim Hyp(\overset{\text{alle Lose}}{100}, \underset{\text{10 Gewinne}}{10}, \overset{\text{10 Käufe}}{10})$$

und berechnen mit $h(X) = X$ und $c = 3$, da $X > 2$ gleichbedeutend mit $X \geq 3$ ist:

$$\mathbb{P}(X \geq 3) \overset{\text{Markow}}{\leq} \frac{\mathbb{E}[X]}{3} = \frac{1}{3} \cdot n \cdot \frac{M}{N} = \frac{1}{3} \cdot 10 \cdot \frac{10}{100} = \frac{1}{3}$$

Die Wahrscheinlichkeit, dass sich mehr als 2 Gewinne unter 10 verkauften Losen befinden, ist maximal 33,33%. Das genaue Ergebnis $\mathbb{P}(X > 2)$ beträgt allerdings ungefähr 6%, sodass man an dieser Stelle sieht, dass eine solche Abschätzung unter Umständen zu grob ist.

5.2 Tschebyscheff-Ungleichung

Tscheby-scheff (1)

Tscheby-scheff (2)

Neben der Markow Ungleichung existiert die sogenannte Tschebyscheff Ungleichung. Diese gibt eine Abschätzung über die Wahrscheinlichkeit, dass eine Zufallsvariable um einen bestimmten Wert von ihrem Erwartungswert abweicht.

Seien $k \in \mathbb{R}_{>0}$ und X eine Zufallsvariable mit Erwartungswert $\mathbb{E}[X] = \mu$ und Varianz $Var(X) = \sigma^2$, so gilt

$$\mathbb{P}(|X-\mu| \geq k) \leq \frac{\sigma^2}{k^2} \quad \text{bzw.}$$
$$\mathbb{P}(|X-\mu| < k) \geq 1 - \frac{\sigma^2}{k^2}.$$

Auch an dieser Stelle gibt es Modifikationen der Ungleichung, die in gewissen Konstellationen benutzt werden:

$$\mathbb{P}(|X-\mu| \geq \sigma \cdot k) \leq \frac{1}{k^2} \quad \text{bzw.}$$
$$\mathbb{P}(|X-\mu| < \sigma \cdot k) \geq 1 - \frac{1}{k^2}$$

Seien unabhängig identisch verteilte Zufallsvariablen $X_1, ..., X_n$ gegeben, die jeweils den Erwartungswert μ und Varianz $Var(X_1) = \sigma^2$ besitzen, so folgt

$$\mathbb{P}\left(\left|\frac{1}{n}\sum_{k=1}^{n} X_k - \mu\right| \geq k\right) \leq \frac{\sigma^2}{n \cdot k^2} \quad \text{bzw.}$$
$$\mathbb{P}\left(\left|\frac{1}{n}\sum_{k=1}^{n} X_k - \mu\right| < k\right) \geq 1 - \frac{\sigma^2}{n \cdot k^2} \quad \text{sowie}$$
$$\mathbb{P}\left(\left|\sum_{k=1}^{n} X_k - n \cdot \mu\right| \geq k\right) \leq \frac{n \cdot \sigma^2}{k^2} \quad \text{bzw.}$$
$$\mathbb{P}\left(\left|\sum_{k=1}^{n} X_k - n \cdot \mu\right| < k\right) \geq 1 - \frac{n \cdot \sigma^2}{k^2},$$

da

$$\begin{aligned}
\mathbb{E}\left[\frac{1}{n}\cdot\sum_{k=1}^{m} X_k\right] &= \frac{1}{n}\cdot\sum_{k=1}^{n}\mathbb{E}[X_k] = \frac{1}{n}\cdot\sum_{k=1}^{n}\mu = \frac{1}{n}\cdot n\cdot\mu = \mu \\
Var\left(\frac{1}{n}\cdot\sum_{k=1}^{n} X_k\right) &\underset{\text{unabh.}}{=} \frac{1}{n^2}\cdot\sum_{k=1}^{n} Var(X_k) = \frac{1}{n^2}\cdot\sum_{k=1}^{n}\sigma^2 = \frac{1}{n^2}\cdot n\cdot\sigma^2 = \frac{\sigma^2}{n}.
\end{aligned}$$

Beispiel: Tschebyscheff-Ungleichung (1)

Wir werfen einen fairen Würfel 1200 Mal und möchten eine Abschätzung treffen, wie hoch die Wahrscheinlichkeit mindestens ist, dass zwischen 150 bis 250 Mal (exklusive 150 und 250) eine 6 gewürfelt wurde. Neben der Poisson-Approximation können wir an dieser Stelle eine Abschätzung mit Hilfe der Tschebyscheff-Ungleichung vornehmen. Zunächst schätzen wir die Wahrscheinlichkeit mit der Standardvariante ab und wählen als Modell, das den Vorgang genau beschreibt

$$X \sim \mathscr{B}\left(1200, \frac{1}{6}\right).$$

Somit ergibt sich

$$\begin{aligned}
\mathbb{E}[X] &= n\cdot p &&= 1200\cdot\frac{1}{6} &&= 200 \quad \text{sowie} \\
Var(X) &= n\cdot p\cdot(1-p) &&= 1200\cdot\frac{1}{6}\cdot\frac{5}{6} &&= \frac{500}{3}.
\end{aligned}$$

Für die Wahrscheinlichkeit berechnen wir zudem

$$\begin{aligned}
150 < X < 250 \quad &\Leftrightarrow \quad 150-\mu < X-\mu < 250-\mu && \mid \text{Abziehen des Erwartungswerts} \\
&\Leftrightarrow \quad 150-200 < X-200 < 250-200 \\
&\Leftrightarrow \quad -50 < X-200 < 50 && \mid \text{Bilden des Betrags} \\
&\Leftrightarrow \quad |X-200| < 50
\end{aligned}$$

und erhalten somit

$$\mathbb{P}(150 < X < 250) = \mathbb{P}\left(|X-200| < \underset{=k}{50}\right) \overset{\text{Tschebyscheff}}{\geq} 1 - \frac{Var(X)}{50^2} = 1 - \frac{\frac{500}{3}}{2500} = 1 - \frac{1}{15} = \frac{14}{15} \approx 93{,}33\%.$$

Beispiel: Tschebyscheff-Ungleichung (2)

Eine zweite Variante wird häufig direkt als Aufgabenstellung benutzt oder bei der Binomialverteilung angewandt, da sich diese als Verkettung von Bernoulli-Experimenten interpretieren lässt. Wenn wir einen Würfel einmal werfen, besteht eine Wahrscheinlichkeit von $\frac{1}{6}$, dass wir eine 6 würfeln. Dann lässt sich das Experiment auch durch die Summe von 1200 unabhängiger bernoulliverteilter Zufallsvariablen $X_k \sim \mathscr{B}\left(1, \frac{1}{6}\right)$ interpretieren mit

$$\begin{aligned}
\mathbb{E}[X_1] &= \ldots = \mathbb{E}[X_{1200}] = \frac{1}{6} \quad \text{sowie} \\
Var(X_1) &= \ldots = Var(X_{1200}) = \frac{1}{6}\cdot\frac{5}{6} = \frac{5}{36}.
\end{aligned}$$

Und schlussendlich erhalten wir die Wahrscheinlichkeit mit der gleichen Betragsumformung wie oben durch

$$\mathbb{P}\left(\left|\sum_{k=1}^{1200} X_k - 1200 \cdot \frac{1}{6}\right| < 50\right) \overset{\text{Tschebyscheff}}{\geq} 1 - \frac{1200 \cdot Var(X_1)}{50^2} = 1 - \frac{1200 \cdot \frac{5}{36}}{2500} = 1 - \frac{14}{15} \approx 93{,}33\%.$$

Beispiel: Tschebyscheff-Ungleichung (3)

Als drittes Beispiel untersuchen wir eine Aufgabenstellung, die auf den ersten Blick nicht mit Hilfe der Tschebyscheff-Ungleichung gelöst werden kann, aber so gestellt ist, dass die Abschätzungen in der „richtigen Richtung" nacheinander angewendet werden können.

Wir betrachten den 1080-fachen Wurf eines fairen sechsseitigen Würfels und werten den Wurf einer 6 als Erfolg. Wir sollen zeigen, dass die Wahrscheinlichkeit zwischen 100 und 250 Mal die 6 zu würfeln mindestens 96% beträgt.

Wie in den letzten Beispielen benötigen wir zunächst den Erwartungswert und die Varianz. Das 1080-fache Werfen eines sechsseitigen Würfels kann durch eine Zufallsvariable $X \sim \mathscr{B}\left(1080, \frac{1}{6}\right)$ modelliert werden. Damit erhalten wir

$$\begin{aligned} \mathbb{E}[X] &= 1080 \cdot \tfrac{1}{6} &&= 180 \\ \text{und} \quad Var(X) &= 1080 \cdot \tfrac{1}{6} \cdot \left(1 - \tfrac{1}{6}\right) &&= 150. \end{aligned}$$

Die gesuchte Wahrscheinlichkeit des Ereignisses $\{100 < X < 250\}$ ist nicht symmetrisch um den Erwartungswert, aber wir können eine Abschätzung tätigen, sodass es symmetrisch wird:

$$\mathbb{P}(100 < X < 250) \geq \mathbb{P}(110 < X < 250)$$

Indem wir die untere Grenze nach oben „korrigieren", verkleinern wir die Wahrscheinlichkeit, da wir nur eine Teilmenge des eigentlichen Ereignisses betrachten. Für diese Wahrscheinlichkeit folgt mit Tschebyscheff

$$\mathbb{P}(110 < X < 250) = \mathbb{P}(|X - 180| < 70) \geq 1 - \frac{Var(X)}{70^2} = 1 - \frac{150}{4900} \approx 0{,}9694 = 96{,}94\%.$$

5.3 Die Gesetze der großen Zahlen

Gesetz der großen Zahlen

In diesem Abschnitt befassen wir uns mit den sogenannten Gesetzen der großen Zahlen. Diese untersuchen Konvergenzen der Mittelwerte von Zufallsvariablen und beschreiben den Sachverhalt, dass sich Experimente - bei hinreichender Wiederholung - immer näher an die tatsächliche Verteilung annähen. Der Unterschied der Gesetze besteht insbesondere in der Stärke ihres Konvergenzbegriffs. Zunächst definieren wir:

Sei $(\Omega, \mathscr{A}, \mathbb{P})$ ein Wahrscheinlichkeitsraum und X_n sowie X reelle Zufallsvariablen. Wir sagen, dass die Folge $(X_n)_{n\in\mathbb{N}}$ **stochastisch** gegen X konvergiert, wenn

$$\lim_{n\to\infty} \mathbb{P}(|X_n - X| \geq \varepsilon) = 0.$$

In diesem Fall schreiben wir $X_n \xrightarrow{p} X$.

Mit diesem Konvergenzbegriff können wir das erste der beiden Gesetze formulieren:

Sei $(X_n)_{n\in\mathbb{N}}$ eine Folge von unkorrelierten Zufallsvariablen mit endlichem aber gleichem Erwartungswert $\mathbb{E}[X_k] = \mu$ und beschränkter Varianz $Var(X_k) \leq M$ für ein $M \in \mathbb{R}$ und alle $k \in \mathbb{N}$, so genügt diese Folge dem **schwachen Gesetz der großen Zahlen**, das heißt für alle $\varepsilon > 0$ gilt

$$\lim_{n\to\infty} \mathbb{P}\left(\left|\frac{1}{n}\sum_{k=1}^{n} X_k - \mu\right| \geq \varepsilon\right) = 0.$$

Mit der stochastischen Konvergenz können wir dies kompakt durch

$$X_n \xrightarrow{p} \mu$$

beschreiben.

Beispiel: Schwaches Gesetz der großen Zahlen

Sei X_n eine auf $[0, 1]^n$ gleichverteilte Zufallsvariable. Sei zudem $||.||_2$ die euklidische Norm, sodass für einen Vektor $x = (x_1, ..., x_n)$

$$||x||_2 = \left(\sum_{k=1}^{n} x_i^2\right)^{\frac{1}{2}}$$

gilt, so folgt insgesamt

$$\lim_{n\to\infty} \frac{1}{n} \cdot ||X_n||^2 \xrightarrow{p} \frac{1}{3}.$$

Wir erkennen, dass wir eine stochastische Konvergenz einer Zufallsvariablen gegen einen festen Wert zeigen sollen. Dabei ist X_n eine auf $[0, 1]^n$ gleichverteilte Zufallsvariable, sodass wir X_n als Vektor beschreiben können, der in jeder Dimension auf $[0, 1]$ gleichverteilt ist. Seien für $i \in \{1, ..., n\}$ die Zufallsvariablen $Y_i \sim U(0, 1)$ gegeben und unabhängig, so gilt

$$X_n = (Y_1, ..., Y_n).$$

Damit ist

$$\frac{1}{n} \cdot ||X_n||^2 = \frac{1}{n} \cdot \sum_{i=1}^{n} Y_i^2$$

und wir zeigen die Konvergenz von X_n über die Konvergenz der Mittelwerte der Zufallsvariablen Y_i^2. Für diesen Nachweis gehen wir die Bedingungen des schwachen Gesetzes der großen Zahlen durch und starten mit der Berechnung der Erwartungswerte der Y_i^2. Es gilt

$$\mathbb{E}[Y_i^2] = \int_0^1 x^2 \,dx = \left[\frac{1}{3} \cdot x^3\right]_0^1 = \frac{1}{3} - 0 = \frac{1}{3}.$$

Damit ist $\mu = \frac{1}{3}$. Im nächsten Schritt zeigen wir, dass die Varianz der Zufallsvariable Y_1^2 existiert und endlich ist. Da alle Y_i die gleiche Verteilung besitzen, ist die Varianz von Y_1^2 eine gesuchte obere Schranke M, die vom Index i unabhängig ist. Es folgt:

$$Var\left(Y_1^2\right) = \mathbb{E}\left[(Y_i^2)^2\right] - \mathbb{E}\left[Y_i^2\right]^2 = \mathbb{E}\left[Y_i^4\right] - \mathbb{E}\left[Y_i^2\right]^2 = \int_0^1 x^4 \,dx - \left(\frac{1}{3}\right)^2 = \frac{1}{5} - \frac{1}{9} = \frac{4}{45}.$$

Damit ist (ein mögliches) $M = \frac{4}{45}$ gegeben. Da die Zufallsvariablen Y_i^2 unabhängig sind, folgt mit dem schwachen Gesetz der großen Zahlen

$$\frac{1}{n} \cdot ||X_n||^2 \xrightarrow{p} \frac{1}{3}.$$

Eine Verschärfung des schwachen Gesetzes bekommen wir mit einem anderen Konvergenzbegriff.

Sei $(\Omega, \mathscr{A}, \mathbb{P})$ ein Wahrscheinlichkeitsraum und $(X_n)_{n\in\mathbb{N}}$ eine Folge von reellen Zufallsvariablen. Wir sagen, dass die Folge X_n gegen eine reelle Zufallsvariable X **fast sicher** konvergiert, wenn

$$\mathbb{P}\left(\lim_{n\to\infty} X_n = X\right) = 1$$

gilt. Wir schreiben kurz

$$X_n \xrightarrow{f.s.} X.$$

Damit definieren wir:

Sei $(X_n)_{n\in\mathbb{N}}$ eine Folge von Zufallsvariablen, so genügt diese Folge dem **starken Gesetz der großen Zahlen**, wenn

$$\mathbb{P}\left(\limsup_{n\to\infty}\left|\frac{1}{n}\sum_{k=1}^{n}(X_k - \mathbb{E}[X_k])\right| = 0\right) = 1$$

beziehungsweise

$$\frac{1}{n}\cdot\sum_{k=1}^{n}(X_k - \mathbb{E}[X_k]) \xrightarrow{f.s.} 0$$

gilt. Dies ist insbesondere für jede Folge der Fall, wenn die Zufallsvariablen X_k identisch verteilt und paarweise unabhängig sind sowie $\mathbb{E}[|X_k|] < \infty$ gilt.

Genügt eine Folge dem starken Gesetz der großen Zahlen, so genügt sie auch dem schwachen Gesetz.

Beispiel: Starkes Gesetz der großen Zahlen

Betrachten wir erneut die Konstellation des letzten Beispiels. Da Y_i^2 stets positiv ist, erhalten wir direkt

$$\mathbb{E}\left[\left|Y_i^2\right|\right] = \frac{1}{3} < \infty$$

für alle $i \in \{1, ..., n\}$. Per Konstruktion waren die Zufallsvariablen Y_i identisch verteilt und paarweise unabhängig, sodass direkt mit dem starken Gesetz der großen Zahlen folgt:

$$\frac{1}{n}\cdot\sum_{i=1}^{n}\left(Y_i^2 - \frac{1}{3}\right) \xrightarrow{f.s.} 0$$

5.4 Der zentrale Grenzwertsatz

Approximation der Binomialverteilung

Der zentrale Grenzwertsatz beschreibt das Verhalten einer Summe von Zufallsvariablen, welches anschaulich oft eine Wiederholung des Experiments widerspiegelt. Das Ergebnis zeigt, dass unter „geringen“ Voraussetzungen eine Summe von Zufallsvariablen unabhängig ihrer Verteilung gegen die Normalverteilung konvergiert, sprich normalverteilt ist. Aus diesem Grund ist die Normalverteilung in der Welt der Stochastik und Statistik fast allgegenwärtig.

Seien $X_1,...,X_n$ unabhängig identisch verteilte Zufallsvariablen mit endlichem Erwartungswert $\mathbb{E}[X_k] = \mu$ und endlicher Varianz $Var(X_k) = \sigma^2$ sowie mit $S_n = X_1 + ... + X_n$ die Summe der ersten n Zufallsvariablen. Wir definieren die **standardisierte Summe** beziehungsweise **standardisierte Zufallsvariable** durch

$$Z_n = \frac{S_n - n\cdot\mu}{\sqrt{n}\cdot\sigma} = \frac{1}{\sqrt{n}}\cdot\sum_{k=1}^{n}\frac{X_k-\mu}{\sigma} = \frac{1}{n}\cdot\sum_{k=1}^{n}\sqrt{n}\cdot\frac{X_k-\mu}{\sigma}.$$

Dabei erhalten wir die Größen der Standardisierung aufgrund

$$\begin{aligned}\mathbb{E}[S_n] &= n\cdot\mu\\ \sqrt{Var(S_n)} &= \sqrt{n\cdot\sigma^2} = \sqrt{n}\cdot\sigma.\end{aligned}$$

Für die Verteilungsfunktion der standardisierten Zufallsvariable F_{Z_n} gilt nun

$$\lim_{n\to\infty} F_{Z_n}(t) = \Phi(t),$$

also $\lim\limits_{n\to\infty} Z_n \sim \mathcal{N}(0,1)$.

Beispiel: Zentraler Grenzwertsatz (1)

Betrachten wir als Beispiel die Frage, wie oft wir eine faire Münze werfen müssen, damit die Wahrscheinlichkeit, zwischen 45% und 55% der Fälle „Kopf" zu werfen, 90% beträgt.

Zunächst übersetzen wir den Text in einen mathematischen Ausdruck. Sei n die Anzahl der Würfe, die wir durchführen. Ein wiederholtes Werfen einer Münze modellieren wir mit einer Summe von bernoulliverteilten Zufallsvariablen mit $X_k \sim \mathcal{B}\left(1,\frac{1}{2}\right)$ für $k = 1,..,n$. Nun interessieren wir uns mit

$$\begin{aligned}S_n &= \sum_{k=1}^{n} X_k,\\ \mathbb{E}[X_k] &= \frac{1}{2} = \mu,\\ \sqrt{Var(X_k)} &= \sqrt{\frac{1}{2}\cdot\frac{1}{2}} = \frac{1}{2} = \sigma\end{aligned}$$

für $\mathbb{P}(0{,}45\cdot n \leq S_n \leq 0{,}55\cdot n)$. Diesen Ausdruck berechnen wir nun näherungsweise mit dem zentralen Grenzwertsatz, indem wir die standardisierte Zufallsvariable Z_n bilden:

$$\begin{aligned}\mathbb{P}(0{,}45\cdot n \leq S_n \leq 0{,}55\cdot n) &= \mathbb{P}\left(\frac{0{,}45\cdot n - n\cdot\mu}{\sqrt{n}\cdot\sigma} \leq \frac{S_n - n\cdot\mu}{\sqrt{n}\cdot\sigma} \leq \frac{0{,}55\cdot n - n\cdot\mu}{\sqrt{n}\cdot\sigma}\right)\\ &= \mathbb{P}\left(\frac{0{,}45\cdot n - n\cdot\mu}{\sqrt{n}\cdot\sigma} \leq Z_n \leq \frac{0{,}55\cdot n - n\cdot\mu}{\sqrt{n}\cdot\sigma}\right)\\ &= F_{Z_n}\left(\frac{0{,}55\cdot n - n\cdot\mu}{\sqrt{n}\cdot\sigma}\right) - F_{Z_n}\left(\frac{0{,}45\cdot n - n\cdot\mu}{\sqrt{n}\cdot\sigma}\right)\\ &\approx \Phi\left(\frac{0{,}55\cdot n - n\cdot\mu}{\sqrt{n}\cdot\sigma}\right) - \Phi\left(\frac{0{,}45\cdot n - n\cdot\mu}{\sqrt{n}\cdot\sigma}\right)\\ &= \Phi\left(\sqrt{n}\cdot\left(\frac{0{,}55-\mu}{\sigma}\right)\right) - \Phi\left(\sqrt{n}\cdot\left(\frac{0{,}45-\mu}{\sigma}\right)\right)\\ &= \Phi\left(0{,}1\cdot\sqrt{n}\right) - \Phi\left(-0{,}1\cdot\sqrt{n}\right)\\ &= \Phi\left(0{,}1\cdot\sqrt{n}\right) - \left(1-\Phi\left(0{,}1\cdot\sqrt{n}\right)\right)\\ &= 2\cdot\Phi\left(0{,}1\cdot\sqrt{n}\right) - 1\end{aligned}$$

Nun soll die Wahrscheinlichkeit gleich dem Wert 90% = 0,9 sein, damit ergibt sich

$$0{,}9 = 2\cdot\Phi(0{,}1\cdot\sqrt{n})-1 \Leftrightarrow 0{,}95 = \Phi(0{,}1\cdot\sqrt{n}) \Leftrightarrow 0{,}1\cdot\sqrt{n} = z_{0,95} \overset{\text{aus Tabelle}}{\approx} 1{,}645$$

und wir erhalten die Lösung $n = 270{,}6025$, also $n = 271$.

Beispiel: Zentraler Grenzwertsatz (2)
Ein Landwirt bestellt insgesamt 90 Felder, die er für den Maisanbau benutzt. Die Menge an Mais pro Jahr pro Feld sei Poisson-verteilt und der mittlere erwartete Ertrag sei 150 kg. Wir nehmen an, dass jedes Feld gleich verteilt und unabhängig ist. Der Landwirt besitzt ein Silo, welches Platz für 13700 kg Mais bietet. Mit welcher Wahrscheinlichkeit muss der Landwirt näherungsweise rechnen, dass das Silo in diesem Jahr nicht ausreicht? Zudem ist der Landwirt daran interessiert, wie viel kg Mais er einem Kunden mit einer 90% Wahrscheinlichkeit liefern kann?

Wir modellieren jedes Feld durch eine Zufalslvariable X_k mit $k \in \{1, 2, ..., 90\}$ und lesen aus der Aufgabenstellung $X_k \sim \mathscr{P}(150)$ heraus. Wir wählen $\lambda = 150$, da der mittlere erwartete Ertrag dem Erwartungswert der Zufallsvariable entspricht und im Falle einer Poisson-verteilten Zufallsvariable X_k gilt $\mathbb{E}[X_k] = \lambda$.

Die Wahrscheinlichkeit, dass das Silo nicht ausreicht, erhalten wir durch $\mathbb{P}\left(\sum_{k=1}^{90} X_k > 13700\right)$.

Mit Hilfe des zentralen Grenzwertsatzes berechnen wir diese Wahrscheinlichkeit nun näherungsweise. Dazu benötigen wir die Standardabweichung sowie den Mittelwert der Summe der Zufallsvariablen. Es gilt

$$\mathbb{E}\left[\sum_{k=1}^{90} X_k\right] = \sum_{k=1}^{90} \mathbb{E}[X_k] = \sum_{k=1}^{90} 150 = 90\cdot 150 = 13500$$

und wegen der Unabhängigkeit und $Var(X_k) = \lambda$

$$Var\left(\sum_{k=1}^{90} X_k\right) = \sum_{k=1}^{90} Var(X_k) = \sum_{k=1}^{90} 150 = 90\cdot 150 = 13500.$$

Damit gelangen wir näherungsweise zur gesuchten Wahrscheinlichkeit, indem wir die linke Seite zur standardisierten Summe erweitern:

$$\begin{aligned}
\mathbb{P}\left(\sum_{k=1}^{90} X_k > 13700\right) &= 1-\mathbb{P}\left(\sum_{k=1}^{90} X_k \le 13700\right)\\
&= 1-\mathbb{P}\left(\sum_{k=1}^{90} X_k - 13500 \le 13700-13500\right)\\
&= 1-\mathbb{P}\left(\frac{\sum_{k=1}^{90} X_k - 13500}{\sqrt{13500}} \le \frac{13700-13500}{\sqrt{13500}}\right)\\
&\approx 1-\mathbb{P}\left(\frac{\sum_{k=1}^{90} X_k - 13500}{\sqrt{13500}} \le 1{,}72\right)\\
&\approx 1-\Phi(1{,}72) \approx 1-0{,}95728 \approx 4{,}27\%
\end{aligned}$$

Dabei haben wir in der Tabelle der Normalverteilung nachgeschlagen, dass $\Phi(1,72) \approx 0,95728$. Der Landwirt geht somit wenig Gefahr ein, dass sein Silo nicht ausreicht.

Für die zweite Frage modellieren wir den Sachverhalt analog und betrachten die Gleichung

$$\mathbb{P}\left(\sum_{k=1}^{90} X_k \leq x\right) = 0,9.$$

Hierbei gibt x die Menge Mais an, die geliefert werden soll und deren Lieferung mit 90 prozentiger Wahrscheinlichkeit gelingt. Mit Hilfe des zentralen Grenzwertsatzes und der standardisierten Summe erhalten wir

$$\begin{aligned}
& \mathbb{P}\left(\sum_{k=1}^{90} X_k \leq x\right) && = 0,9 \\
\Leftrightarrow\quad & \mathbb{P}\left(\sum_{k=1}^{90} X_k - 13500 \leq x - 13500\right) && = 0,9 \\
\Leftrightarrow\quad & \mathbb{P}\left(\frac{\sum_{k=1}^{90} X_k - 13500}{\sqrt{13500}} \leq \frac{x-13500}{\sqrt{13500}}\right) && = 0,9 \\
\Rightarrow\quad & \Phi\left(\frac{x-13500}{\sqrt{13500}}\right) && \approx 0,9 \\
\Leftrightarrow\quad & \frac{x-13500}{\sqrt{13500}} && = \Phi^{-1}(0,9) \\
\Leftrightarrow\quad & x && = 13500 + \sqrt{13500} \cdot \Phi^{-1}(0,9) \\
\Rightarrow\quad & x && \approx 13500 + \sqrt{13500} \cdot 1,28 \\
\Rightarrow\quad & x && \approx 13648,72
\end{aligned}$$

5.5 Aufgaben

Aufgabe 78: (Level:)
Die Wahrscheinlichkeit, dass der Topschütze des Handballvereins ABC Handball in einem Angriff ein Tor erzielt, liegt bei 25%. Der Trainer ist an einer oberen Abschätzung für die Wahrscheinlichkeit interessiert, dass der Schütze bei 100 Angriffen mehr als 30 Tore erzielt. Benutze hierzu die Markow-Ungleichung mit $h(x) = x$.

Lösungen

Aufgabe 79: (Level:)
Paul spielt leidenschaftlich Mensch-Ärgere-Dich-Nicht und überlegt, dass er in diesem Jahr mindestens 1800 Würfel rollen ließ. Weise nach, dass dabei die Wahrscheinlichkeit, zwischen 250 und 350 Mal eine 6 zu würfeln, mindestens bei 90% liegt.

Aufgabe 80: (Level:)
Christine interessiert sich für die Verteilung des wiederholten Münzwurfs. Dazu wirft sie ihre Münze insgesamt 1500 Mal und notiert sich die Ergebnisse. Gib mit Hilfe der Tschebyscheff-Ungleichung eine untere Schranke für die Wahrscheinlichkeit an, dass Christine zwischen 650 und 850 Mal Kopf geworfen hat.

Aufgabe 81: (Level:)
Seien X_k unabhängige identisch verteilte Zufallsvariablen mit $X_k \sim t(6)$. Bestimme mit Hilfe des Zentralen Grenzwertsatzes für $X = \sum_{k=1}^{100} X_k$ die Wahrscheinlichkeit $\mathbb{P}(X > 25)$.

Aufgabe 82: (Level:)
Bernd wirft seinen Würfel n Mal. Dabei interessiert er sich für die Anzahl der Würfe, die nötig sind, damit die relative Häufigkeit der gewürfelten 6-en mit einer Wahrscheinlichkeit von 90% weniger als 5% von $\frac{1}{6}$ abweicht. Die relative Häufigkeit ergibt sich dabei mit

$$\frac{1}{n} \cdot \sum_{k=1}^{n} X_k,$$

wobei X_k nur die Werte 0 und 1 annimmt, nämlich 1, falls im k-ten Wurf eine 6 gewürfelt wird und sonst 0. Bestimme n einmal mit Hilfe des zentralen Grenzwertsatzes und einmal mit Hilfe der Tschebyscheff-Ungleichung.

Aufgabe 83: (Level:)
Wir betrachten den $n-$fachen Wurf eines fairen sechsseitigen Würfels. Schätze die Wahrscheinlichkeit mit der Markov-Ungleichung ab, dass wir mindestens $\frac{n}{4}$-mal die 6 würfeln.

Aufgabe 84: (Level:)
Im Pen-&-Paper kommen regelmäßig Würfel mit 20 Seiten zum Einsatz. In besagtem Spiel gilt ein Wert oberhalb der 15 als ein Garant, die kommende Aufgabe zu bewältigen. Schätze mit Hilfe der Tschebyscheff'schen Ungleichung die Wahrscheinlichkeit ab, dass wir bei 200 Würfen zwischen 30 und 70 Mal einen Wert oberhalb der 15 erhalten.

Aufgabe 85: (Level:)
Zeige, dass bei einem 1000-fachen Münzwurf einer fairen Münze die Wahrscheinlichkeit, zwischen 450 und 600 Mal „Kopf“ zu werfen mindestens bei 90% liegt.

Aufgabe 86: (Level:)
Sei X eine auf $[0, 2\pi]$ gleichverteilte Zufallsvariable und $Y_k = \cos(k \cdot X)$. So folgt

$$\frac{1}{n} \cdot \sum_{k=1}^{n} Y_k \xrightarrow{p} 0.$$